初等数论基础

主　编　王迪吉　边　红　于海征
副主编　刘　淼　周远志　贾光才
参　编　魏丽娜　孙　林　张四保　段　芳
　　　　尹雪红　任卫红　王　硕

机械工业出版社

本书是初等数论课程教材.主要介绍了整数的整除理论、同余理论及其应用,在同余理论的基础上介绍了一次同余式、二次同余式的解法,给出了原根、指数和指标的概念以及指标与 n 次剩余的关系,讨论了不定方程的整数解及其解数,给出了连分数的定义及其基本性质.本书的特点是介绍了多种解题方法和思路,便于学生理解掌握.

本书适合作为高等师范院校和综合大学数学类专业本科生教材,也适合中学数学教师和其他相关人员参考.

图书在版编目(CIP)数据

初等数论基础/王迪吉,边红,于海征主编. —北京:机械工业出版社,2022.8(2025.4重印)

ISBN 978-7-111-70839-1

Ⅰ.①初… Ⅱ.①王…②边…③于… Ⅲ.①初等数论-高等学校-教材 Ⅳ.①O156.1

中国版本图书馆 CIP 数据核字(2022)第 088314 号

机械工业出版社(北京市百万庄大街 22 号 邮政编码 100037)
策划编辑:韩效杰 责任编辑:韩效杰
责任校对:张 征 王明欣 封面设计:王 旭
责任印制:郜 敏
北京富资园科技发展有限公司印刷
2025 年 4 月第 1 版第 4 次印刷
184mm×260mm・6 印张・140 千字
标准书号:ISBN 978-7-111-70839-1
定价:39.00 元

电话服务　　　　　　　　网络服务
客服电话:010-88361066　　机　工　官　网:www.cmpbook.com
　　　　　010-88379833　　机　工　官　博:weibo.com/cmp1952
　　　　　010-68326294　　金　书　网:www.golden-book.com
封底无防伪标均为盗版　　　机工教育服务网:www.cmpedu.com

前　言

初等数论是一门古老的学科，同时也是一个不断发展和十分活跃的研究领域. 早在公元 4 世纪，《孙子算经》里就出现了解一次同余式组的算法，现代文献中称其为"中国剩余定理".《张邱建算经》里的"百鸡问题"给出了解不定方程的方法. 在中国古代数学的巅峰宋元时期，涌现出一批优秀的数学家，产生了许多重要的初等数论成果. 在现代数学的发展过程中，初等数论这门古老学科也取得了许多重要进展，得到了广泛应用. 特别是 20 世纪中期以来，随着计算机和数字通信网络的蓬勃发展，信息安全越来越重要. 二十大报告指出："推动战略性新兴产业融合集群发展，构建新一代信息技术、人工智能、生物技术、新能源、新材料、高端装备、绿色环保等一批新的增长引擎."而数论在新一代信息技术中发挥了不可替代的重要作用，例如，1977 年，由美国麻省理工学院三位数学家里维斯特（Rivest）、沙米尔（Shamir）、阿德来曼（Adleman）提出了一种新的信息保密技术，被称为公开密钥 RSA 体制，这种新的信息保密技术的原理就是初等数论中的有关理论知识. 如今，公开密钥 RSA 体制由于其破解难度极大而被广泛应用于信息保密技术.

数论这门古老而经久不衰的学科，既通俗易懂又深奥无穷. 我国著名数论专家、清华大学教授冯克勤在他为中学教师编写的"初等数论及应用"一书的前言中写道："数论中有许多问题，说起来容易，做起来极难". 正因为如此，它对个人智力开发和数学思维能力的形成有着独特的作用. 近年来数论的深刻应用引起了众多数学工作者和数学教师们的广泛关注与研究. 迄今为止，在获得国际数学界最高奖菲尔兹奖和沃尔夫奖的数学家中，数论专家占有很高比例. 在国内外的许多数学竞赛中，有关数论的题目更是层出不穷. 尽管目前数学学科已发展形成有上百个不同的分支，但根据有关资料统计，在举办过的历届国际奥林匹克数学竞赛中，有关数论的题目竟然占了三分之一. 自从我国 1986 年正式派队参加面向中学高年级学生的国际奥数竞赛以来，中国队多次获得团体冠军和个人冠军，令世界数学界瞩目.

毋庸置疑，学习数论知识对于高校数学专业的学生来说既可以开发锻炼个人的智力，同时也可以提高自身的数学素养和数学思维能力. 对于师范院校数学专业的学生来说，学习数论知识对今后数学教学工作以及指导学生参加数学竞赛都有很大帮助. 对于综合性高校数学专业的学生来说，学习一些数论知识可为今后在数学专业上的深造及应用领域的开拓打下坚实基础. 据了解，在北京大学和清华大学等知名高校都开设有数论选修课. 我在新疆师范大学任教期间为本科生讲授过"初等数论"课多年，还给各类培训班讲过多遍初等数论. 目前，我国师范院校数学专业本科生使用的"初等数论"第三版教材（闵嗣鹤、严士健先生编写）就是根据我所提出的意见进行修订的. 本人自退休后与同事和朋友们利用空闲时间将多年来教学中积累的资料整理编写了这样一本《初等数论基础》，希望能为高校数学专业学生、中学教师以及高中学生学习初等数论提供一些帮助和参考.

与现行"初等数论"教材相比，本书的特点是例题较多，有难有易，题型较多，介绍了多种解题方法，还引入了个别奥数竞赛题作例题. 本书的内容基本涵盖了初等数论中的基础知识和基本理论，并不包含过于疑难的内容，因而除了大学数学专业的学生外也同样适合中学教师及高中学生阅读和学习. 本书中的有些定理给出了证明，还有一些定理没有给出证明，其证明可在参考书目中查阅.

本书在出版过程中，得到了新疆师范大学数学科学学院边红教授的大力帮助，从与出版社团队沟通到整理和打印书稿、校对书稿都付出了大量心血.

全书共分为5章，本人在完成了初稿的编写后，边红对前5章进行了审阅并提出了修改意见，于海征统稿. 在编写过程中，边红和魏丽娜录制了配套视频，制作了配套教学课件并整理了课后习题解答. 伊犁师范大学的刘淼，喀什大学的张四保，广东岭南师范学院的孙林，新疆师范大学的魏丽娜、段芳、王硕详细检查了书中的例题和习题，周远志、贾光才、尹雪红和任卫红对配套课程视频进行了剪辑和整理.

由于编者水平有限，书中难免存在不妥和错误之处，恳请广大读者指正.

新疆师范大学数学科学学院　王迪吉

符号说明

N	自然数集合
N*	正整数集合
Z	整数集合
Q	有理数集合
R	实数集合
(a,b)	整数 a，b 的最大公因数
$[a,b]$	整数 a，b 的最小公倍数
$a \mid b$	整数 a 整除整数 b
$a \nmid b$	整数 a 不能整除整数 b
$[x]$	不超过实数 x 的最大整数
$\{x\}$	实数 x 的小数部分，即 $x=[x]+\{x\}$
$\equiv$	同余符号
$\not\equiv$	不同余符号
$\varphi(m)$	正整数 m 的欧拉函数值，即 $1, 2, \cdots, m$ 中与 m 互质的数的个数
C_m^n	$\left(\text{或} \binom{m}{n}\right)$ 从 m 个元素的集合中取出 n 个元素的组合数
$d(n)$	正整数 n 的正因数的个数
$\sigma(n)$	正整数 n 的所有正因数之和
$p^\alpha \parallel n$	表示 $p^\alpha \mid n$，但 $p^{\alpha+1} \nmid n$，这里 p 为质数，$\alpha \in \mathbf{N}$
$\delta_m(a)$	a 对模 m 的指数

目 录

前言
符号说明

第1章 整数的整除理论 ·············· 1
 1.1 整除的定义及其性质 ·············· 1
 1.2 带余数除法与辗转相除法 ·············· 2
 1.3 最大公因数与最小公倍数 ·············· 5
 1.4 质数与合数 ·············· 8
 1.5 函数 $[x]$ 与 $\{x\}$ ·············· 11
 1.6 函数 $d(n)$ 与 $\sigma(n)$ ·············· 14
 习题 1 ·············· 17

第2章 同余理论及其应用 ·············· 19
 2.1 同余的定义 ·············· 19
 2.2 同余概念的基本性质 ·············· 19
 2.3 剩余类与剩余系 ·············· 22
 2.4 几个重要的定理 ·············· 25
 2.5 同余式的概念及同余式的解 ·············· 30
  2.5.1 一次同余式的解法 ·············· 30
  2.5.2 中国剩余定理与一次同余式组的解法 ·············· 35
 2.6 高次同余式及质数模同余式的初步解法 ·············· 35
 2.7 二次剩余及二次同余式的解法 ·············· 40
  2.7.1 奇质数模的二次剩余及二次非剩余 ·············· 40
  2.7.2 勒让德符号 ·············· 41
  2.7.3 合数模的情形 ·············· 43
 习题 2 ·············· 45

第3章 指数、原根与指标 ·············· 48
 3.1 指数的概念及性质 ·············· 48
 3.2 原根的概念及性质 ·············· 54
 3.3 指标及 n 次剩余 ·············· 57

 习题 3 ·············· 63

第4章 关于不定方程的整数解及其解数的讨论 ·············· 64
 4.1 n 元一次不定方程的常用解法 ·············· 64
 4.2 二元一次不定方程特解的求法 ·············· 65
  4.2.1 用观察法求特解 ·············· 65
  4.2.2 用辗转相除法求特解 ·············· 66
  4.2.3 用参数法求特解 ·············· 67
  4.2.4 用矩阵变换法求特解 ·············· 67
  4.2.5 用同余方法求特解 ·············· 68
 4.3 利用矩阵解多元一次不定方程及多元一次不定方程组 ·············· 68
 4.4 n 元一次不定方程的解数 ·············· 69
 4.5 勾股方程 $x^2+y^2=z^2$ 的一般整数解 ·············· 71
 4.6 二次及二次以上高次不定方程的初等解法 ·············· 72
  4.6.1 同余法 ·············· 72
  4.6.2 分解法 ·············· 73
  4.6.3 估计法 ·············· 74
 4.7 费马方程与沛尔方程 ·············· 75
  4.7.1 费马方程与无穷递降法 ·············· 75
  4.7.2 沛尔方程的解 ·············· 76
 习题 4 ·············· 77

第5章 连分数 ·············· 78
 5.1 连分数的基本性质 ·············· 78
 5.2 把实数表示成连分数 ·············· 81
 5.3 循环连分数 ·············· 85
 习题 5 ·············· 86

参考文献 ·············· 88

第 1 章
整数的整除理论

1.1 整除的定义及其性质

在整数集合里,加法、减法、乘法这些运算都是封闭的,只有除法运算例外,因而初等数论更多地关注除法运算.

定义 1.1 设 a,b 是任意两个整数,其中 $b\neq 0$,如果存在一个整数 q,使得 $a=bq$ 成立,我们就说 b 整除 a,或 a 被 b 整除,记做 $b\mid a$,此时我们把 b 叫做 a 的因数,a 叫做 b 的倍数. 如果上式中的整数 q 不存在,我们就说 b 不能整除 a,或 a 不能被 b 整除,记做 $b\nmid a$.

整除具有以下一些主要性质:

性质 1 若 $a\mid b$,$b\mid c$,则 $a\mid c$;

性质 2 若 $a\mid b$,$a\mid c$,则 $a\mid (b+c)$;

性质 3 若 $a\mid b$,$b\neq 0$,则 $|a|\leqslant |b|$;

性质 4 若 $a\mid b$,$c\in \mathbf{Z}$,则 $a\mid bc$;

性质 5 若 $a\mid b_i$,$c_i\in \mathbf{Z}(i=1,2,\cdots,n)$,则 $a\mid \sum\limits_{i=1}^{n}b_ic_i$;

性质 6 每一个整数 a 都可以被 1 和 -1 整除,也可以被 a 和 $-a$ 整除;

性质 7 若 $a\mid b$,$b\mid a$,则 $a=b$ 或 $b=-a$.

性质 8 若 n 是正整数，则 $(a-b)\mid(a^n-b^n)$，若 n 是正奇数，则 $(a+b)\mid(a^n+b^n)$；

性质 9 n 个连续整数的乘积可被 n 整除.

以上所列的是整除的一些常用性质，还有一些关于整除的性质请见参考书目.

整数有奇、偶数之分，任一偶数都可以表示成 $2m$（以下均有 $m\in\mathbf{Z}$）的形式，任一偶数的平方可以表示成 $4n$（以下均有 $n\in\mathbf{N}$）的形式. 任一奇数都可以表示成 $2m+1$ 或 $2m-1$ 或 $4m\pm1$ 的形式，还可以表成两个平方数的差的形式. 任一奇数的平方可以表示成 $4n+1$ 的形式也可以表示成 $8n+1$ 的形式.

1.2 带余数除法与辗转相除法

定理 1.1（带余数除法） 设 a,b 是两个整数且 $b\neq0$，那么存在唯一的一对整数 q 和 r 使得 $a=bq+r$，这里，$0\leqslant r<\mid b\mid$，q 和 r 分别叫做 b 除 a 所得的不完全商及余数. 此外，$b\mid a$ 的充分必要条件是 $r=0$.

定义 1.2（辗转相除法） 设 a,b 是给定的两个整数且 $b\neq0$，由带余数除法可得到

$$a=bq_1+r_1,\quad 0<r_1<\mid b\mid,$$
$$b=r_1q_2+r_2,\quad 0<r_2<r_1,$$
$$\vdots\qquad\vdots$$
$$r_{n-2}=r_{n-1}q_n+r_n,\ 0<r_n<r_{n-1},$$
$$r_{n-1}=r_nq_{n+1}+r_{n+1},\ r_{n+1}=0.$$

因为每进行一次带余数除法，余数就至少减一，而 b 是有限数，所以我们最多进行 b 次带余数除法，就可以得到一个余数是零的等式. 辗转相除法又称为欧几里得（Euclid）算法.

例 1.1 证明对任意 $n\in\mathbf{Z}$，$3\mid n(n+1)(2n+1)$.

证法一 对于整数集合 $\mathbf{Z}$ 里那些能被 3 整除的整数 n，因为 $3\mid n$，所以有结论 $3\mid n(n+1)(2n+1)$. 对于整数集合 $\mathbf{Z}$ 里那些不能被 3 整除的整数 n，可设 $n=3q_1+1$ 或 $n=3q_2+2$.

当 $n=3q_1+1$ 时，$2n+1=2(3q_1+1)+1=3(2q_1+1)$，此时显然有 $3\mid(2n+1)$，因此 $3\mid n(n+1)(2n+1)$ 成立．当 $n=3q_2+2$ 时，$n+1=(3q_2+2)+1=3(q_2+1)$，此时显然有 $3\mid(n+1)$，因此 $3\mid n(n+1)(2n+1)$ 成立．综上所述，结论成立．

证法二 $n(n+1)(2n+1)=n(n+1)[(n-1)+(n+2)]$
$$=(n-1)n(n+1)+n(n+1)(n+2),$$

以上两项都是 3 个连续整数的乘积，都能被 3 整除，结论成立．

证法三 $n(n+1)(2n+1)=n(n+1)[2(n+2)-3]=2n(n+1)(n+2)-3n(n+1)$，因为 $2n(n+1)(n+2)$ 能被 3 整除，第二项显然被 3 整除，由整除的性质 2 可知，结论成立．

例 1.2 设 a,b,n 为给定的正整数，若对任意给定的 $k\in\mathbf{N}^*$ ($k\neq b$)，都有 $(b-k)\mid(a-k^n)$，证明 $a=b^n$．

证明 对任意给定的 $k\in\mathbf{N}^*$ ($k\neq b$)，$b^n-k^n=(b-k)(b^{n-1}+b^{n-2}k+\cdots+k^{n-1})$，由 $(b-k)\mid(b^n-k^n)$ 和已知 $(b-k)\mid(a-k^n)$，有 $(b-k)\mid((a-k^n)-(b^n-k^n))$，即 $(b-k)\mid(a-b^n)$，取 $k=b+1+|a-b^n|$，就有 $-(1+|a-b^n|)\mid(a-b^n)$，这样，由整除定义及整除的性质 3 知 $a-b^n=0$，即 $a=b^n$，证毕．

例 1.3 设 m,n 是正整数且 $m>2$，证明 $(2^m-1)\nmid(2^n+1)$．

证明 当 $n=m$ 时，结论显然成立．当 $n<m$ 时，由于 $2^n+1\leqslant 2^{m-1}+1<2^m-1$，由整除的性质 3 知结论成立．当 $n>m$ 时，设 $n=mq+r$，$0\leqslant r<m$，$q\geqslant 0$，由于 $2^n+1=(2^{mq}-1)2^r+2^r+1$，由整除的性质 8 知 $(2^m-1)\mid(2^{mq}-1)$，$(2^m-1)\nmid(2^r+1)$，从而 $(2^m-1)\nmid(2^n+1)$，证毕．

例 1.4 设 $k\in\mathbf{N}^*$，$k\geqslant 2$，n 是一个不小于 $2k$ 的正整数，则

(1) 证明存在整数 $i\in\{0,1,2,\cdots,k-1\}$，使得 $(n-i)\nmid C_n^k$；

(2) 证明对于每个 $k\geqslant 2$，存在正整数 $n_k\geqslant 2k$，使得恰有一个 $i\in\{0,1,2,\cdots,k-1\}$ 满足 $(n_k-i)\nmid C_{n_k}^k$．

证明 (1) 用反证法证．若结论不成立，设存在 $k\geqslant 2$ 和 $n\geqslant 2k$，使得 $n,n-1,\cdots,n-(k-1)$ 都是组合数 C_n^k 的因数．由 $n(n-1)\cdots(n-(k-1))=k!\,C_n^k$，可以得到

$$(n-1)(n-2)\cdots(n-k+1)\in(k!)\mathbf{N}^*,$$
$$n(n-2)\cdots(n-k+1)\in(k!)\mathbf{N}^*,$$
$$\vdots$$
$$n(n-1)\cdots(n-k+2)\in(k!)\mathbf{N}^*,$$

这里 $(k!)\mathbf{N}^* = \{x \mid x = (k!)y, y \in \mathbf{N}^*\}$.

将上面的式子从第二个起,每一个减去前面一个式子,可得到

$$(n-2)(n-3)\cdots(n-k+1) \in (k!)\mathbf{N}^*,$$
$$n(n-3)\cdots(n-k+1) \in (k!)\mathbf{N}^*,$$
$$\vdots$$
$$n(n-1)(n-2)\cdots(n-k+3) \in (k!)\mathbf{N}^*.$$

经过以上运算后,k 个式子变成了 $k-1$ 个式子,这样的运算做 $k-1$ 次后,就得到

$$2 \cdot 3 \cdot \cdots \cdot (k-1) \in (k!)\mathbf{N}^*.$$

这就要求 $k! \mid (k-1)!$,即 $\frac{1}{k} \in \mathbf{N}^*$,这与 $k \geq 2$ 矛盾,故至少有一个 $i \in \{0,1,\cdots,k-1\}$ 使得 $(n-i) \nmid C_n^k$,证毕.

(2) 对于 $k=2$,取 $n_2=4$ 即可. 当 $k \geq 3$ 时,取 $n_k=k!$,可知

$$C_{n_k}^k = (n_k-1)\cdots(n_k-(k-1)),$$

满足条件,证毕.

例 1.5 记 $F_k = 2^{2^k}+1$,$k \geq 0$,证明若 $m>n$,则 $F_n \mid (F_m-2)$.

证明 我们知道 $(x-y) \mid (x^n-y^n)$,取 $x = 2^{2^{n+1}}$,$y=1$,于是有 $(2^{2^{n+1}}-1) \mid (2^{2^m}-1)$,又 $2^{2^{n+1}}-1 = (2^{2^n}-1)(2^{2^n}+1)$,故 $(2^{2^n}+1) \mid (2^{2^{n+1}}-1)$,于是就有 $(2^{2^n}+1) \mid (2^{2^m}-1)$,即 $F_n \mid (F_m-2)$,证毕.

例 1.6 设 $n>1$ 是奇数,证明 $n \mid \left(1+\frac{1}{2}+\cdots+\frac{1}{n-1}\right)(n-1)!$.

证明 因为 n 是奇数,所以 $n-1$ 是偶数,$1+\frac{1}{2}+\cdots+\frac{1}{n-1}$ 是偶数项之和. 两两配对相加得 $\left(1+\frac{1}{n-1}\right)$,$\left(\frac{1}{2}+\frac{1}{n-2}\right)$,$\cdots$. 对于 $1 \leq k \leq \frac{n-1}{2}$,有

$$\left(\frac{1}{k}+\frac{1}{n-k}\right)(n-1)! = \frac{n}{k(n-k)}(n-1)!.$$

因为 $n-k \neq k$(否则 n 将是偶数),$1 \leq k$,$n-k \leq n-1$,从而 $\frac{(n-1)!}{k(n-k)}$ 是整数,于是就有 $n \mid \frac{n}{k(n-k)}(n-1)!$,所以 $n \mid \left(1+\frac{1}{2}+\cdots+\frac{1}{n-1}\right)(n-1)!$ 成立,证毕.

1.3 最大公因数与最小公倍数

定义 1.3 设 $a_1, a_2, \cdots, a_n$ 是 $n(n \geqslant 2)$ 个整数,若整数 d 是它们之中每一个的因数,那么 d 就叫做 $a_1, a_2, \cdots, a_n$ 的一个公因数.整数 $a_1, a_2, \cdots, a_n$ 的公因数中最大的一个叫做最大公因数,记做 $(a_1, a_2, \cdots, a_n)$,若 $(a_1, a_2, \cdots, a_n) = 1$,我们就说 n 个整数 $a_1, a_2, \cdots, a_n$ 互质.

用辗转相除法可以求出 a, b 两数的最大公因数(见 1.2 辗转相除法).用 b 去除 a,带余数除法过程中最后一个不为零的余数 r_n 就是所求的 a, b 的最大公因数 $(a, b) = r_n$ (参看最大公因数性质 5).
$$(a,b) = (b, r_1) = \cdots = (r_{n-1}, r_n) = (r_n, r_{n+1}) = (r_n, 0) = r_n.$$

定义 1.4 设 $a_1, a_2, \cdots, a_n$ 是 $n(n \geqslant 2)$ 个全都不为零的整数,若 d 是这 n 个数的倍数,则 d 就叫做这 n 个数的公倍数. 在 $a_1, a_2, \cdots, a_n$ 的一切公倍数中的最小正数叫做最小公倍数,记做 $[a_1, a_2, \cdots, a_n]$.

任意两个正整数 a, b 的最大公因数和最小公倍数之间具有以下关系:
$$ab = (a, b)[a, b].$$

最大公因数和最小公倍数具有以下一些主要性质:

性质 1 如果 d 是 $a_1, a_2, \cdots, a_n$ 的最大公因数,那么 $-d$ 也是这 n 个数的最大公因数,即 $a_1, a_2, \cdots, a_n$ 的两个最大公因数至多相差一个正负号,因此求一组数的最大公因数时,可将每个数取其绝对值再求它们的最大公因数.

性质 2 若 $d = (a_1, a_2, \cdots, a_n)$,则存在整数 $q_1, q_2, \cdots, q_n$ 使得
$$d = a_1 q_1 + a_2 q_2 + \cdots + a_n q_n.$$

由此可知,$a_1, a_2, \cdots, a_n$ 互质的充分必要条件是存在整数 $q_1, q_2, \cdots, q_n$ 使得
$$a_1 q_1 + a_2 q_2 + \cdots + a_n q_n = 1.$$

性质 3 若 $d = (a_1, a_2, \cdots, a_n)$,$d_1$ 是 $a_1, a_2, \cdots, a_n$ 的任一公因数,则 $d_1 \mid d$.

性质 4 若 $d=(a_1,a_2,\cdots,a_n)$，则 $\left(\dfrac{a_1}{d},\dfrac{a_2}{d},\cdots,\dfrac{a_n}{d}\right)=1$.

性质 5 若三个不全为零的整数 a，b，c 满足 $a=bq+c$，q 是不为零的整数，那么 $(a,b)=(b,c)$.

性质 6 若 $(a,c)=1$，则 $(ab,c)=(b,c)$.

性质 7 若 $(a,c)=1$，$c\mid ab$，则 $c\mid b$.

性质 8 $(a+b,b)=(a,b)$，一般地，对任意整数 q 有 $(a+bq,b)=(a,b)$.

性质 9 设 $a_1,a_2,\cdots,a_n$ 及 $b_1,b_2,\cdots,b_m$ 是任意两组整数，若前一组中任一整数与后一组中任一整数互质，那么 $(a_1a_2\cdots a_n,b_1b_2\cdots b_m)=1$.

性质 10 若 $a\mid c$，$b\mid c$，$(a,b)=1$，则 $ab\mid c$.

性质 11 任意两个整数的公因数都是它们的最大公因数的因数，任意两个整数的公倍数都是它们的最小公倍数的倍数.

性质 12 设 $n\in\mathbf{N}^*$，则 $(a^n,b^n)=(a,b)^n$，$[a^n,b^n]=[a,b]^n$.

以上所列的是最大公因数和最小公倍数的一些常用性质，关于最大公因数的其他性质请见参考书目.

定理 1.2（贝祖(Bezout)定理） 若 a，b 是不全为零的整数，则存在整数 p，q 使得 $ap+bq=(a,b)$. 由此知，a，b 互质的充分必要条件是存在整数 p，q 使得 $ap+bq=1$.

由最大公因数的性质 2 可知，贝祖定理的结论是显然的.

例 1.7 设 n 是正整数，证明 $(21n+4,14n+3)=1$.

证明 因为 $3(14n+3)-2(21n+4)=1$，由贝祖定理知 $(21n+4,14n+3)=1$.

例1.8 记 $F_k = 2^{2^k}+1$,$k \geqslant 0$,证明对 $m \neq n$ 有 $(F_m, F_n) = 1$.

证明 不妨设 $m > n$. 由例 1.5 知存在整数 x 使得 $F_m + xF_n = 2$,设 $(F_m, F_n) = d$,则由上式推出 $d \mid 2$,所以 $d = 1$ 或 $d = 2$. 但 F_m,F_n 显然是奇数,故必须有 $d = 1$,证毕.

例1.9 设 m,a,b 都是正整数,且 $m > 1$,证明 $(m^a - 1, m^b - 1) = m^{(a,b)} - 1$.

证明 对指数做辗转相除法,我们有
$$(m^a - 1, m^b - 1) = (m^{bq_0 + r_0} - 1, m^b - 1)$$
$$= ((m^{bq_0} - 1)m^{r_0} + m^{r_0} - 1, m^b - 1)$$
$$= (m^{r_0} - 1, m^b - 1).$$

这里应用了 $(m^b - 1) \mid (m^{bq_0} - 1)$ 及最大公因数的性质 8,重复上面的步骤就得到
$$(m^a - 1, m^b - 1) = (m^b - 1, m^{r_0} - 1)$$
$$= (m^{r_0} - 1, m^{r_1} - 1) = \cdots$$
$$= (m^{r_{n-1}} - 1, m^{r_n} - 1) = m^{r_n} - 1 = m^{(a,b)} - 1. \quad 证毕.$$

例1.10 设 $n \geqslant m > 0$,证明 $\dfrac{(m,n)}{n} C_n^m$ 是一个正整数.

证明 由贝祖定理知,存在 $x, y \in \mathbf{Z}$,使得 $(m, n) = mx + ny$,故有
$$\frac{(m,n)}{n} C_n^m = \left(\frac{m}{n} C_n^m\right) x + C_n^m y = C_{n-1}^{m-1} x + C_n^m y \in \mathbf{Z}.$$

由于 $\dfrac{(m,n)}{n} C_n^m > 0$,故知其为正整数,证毕.

例1.11 设 k 是正奇数,n 是正整数,证明 $\dfrac{n(n+1)}{2} \mid (1^k + 2^k + \cdots + n^k)$.

证明 问题等价于证明 $n(n+1) \mid 2(1^k + 2^k + \cdots + n^k)$,因为 n 与 $n+1$ 互质,因此由性质 10 可知,只要证明 $n \mid 2(1^k + 2^k + \cdots + n^k)$ 和 $(n+1) \mid 2(1^k + 2^k + \cdots + n^k)$ 即可. 因为 k 是奇数,所以有
$$x^k + y^k = (x+y)(x^{k-1} - x^{k-2}y + \cdots - xy^{k-2} + y^{k-1}), \quad (*)$$

当 n 是偶数时有
$$2(1^k + 2^k + \cdots + n^k) = 2(1^k + n^k) + 2(2^k + (n-1)^k) + \cdots,$$
由式 (*) 知 $(n+1) \mid 2(1^k + 2^k + \cdots + n^k)$,
而 $2(1^k + 2^k + \cdots + n^k)$
$$= 2(1^k + (n-1)^k) + 2(2^k + (n-2)^k) + \cdots + 2\left(\frac{n}{2}\right)^k + 2n^k.$$
再由式 (*) 知 $n \mid 2(1^k + 2^k + \cdots + n^k)$,

所以 $n(n+1) \mid 2(1^k+2^k+\cdots+n^k)$.

当 n 是奇数时有
$$2(1^k+2^k+\cdots+n^k) = 2(0^k+n^k)+2(1^k+(n-1)^k)+\cdots,$$
由式(*)容易看出 $n \mid 2(1^k+2^k+\cdots+n^k)$,
而
$$2(1^k+2^k+\cdots+n^k) = 2(1^k+n^k)+2(2^k+(n-1)^k)+\cdots+2\left(\frac{n+1}{2}\right)^k,$$
由式(*)易推出 $(n+1) \mid 2(1^k+2^k+\cdots+n^k)$,
所以 $n(n+1) \mid 2(1^k+2^k+\cdots+n^k)$,证毕.

例 1.12 设 a,b 是两个不同的正整数,且 $(a^2+ab+b^2) \mid ab(a+b)$,证明 $|a-b| > \sqrt[3]{ab}$.

证明 因为 $a^3 = (a^2+ab+b^2)a - ab(a+b)$,由已知条件知 $(a^2+ab+b^2) \mid a^3$,同理有 $(a^2+ab+b^2) \mid b^3$,因此 a^2+ab+b^2 是 a^3 与 b^3 的公因数. 于是有 $(a^2+ab+b^2) \mid (a^3,b^3)$,由性质 12 可知 $(a^2+ab+b^2) \mid (a,b)^3$,从而 $|a-b|^3 \geq (a,b)^3 \geq a^2+ab+b^2 \geq 3ab$,所以 $|a-b| \geq \sqrt[3]{3ab} > \sqrt[3]{ab}$,证毕.

1.4 质数与合数

定义 1.5 一个大于 1 的整数,如果它的正因数只有 1 和它本身,这个数就叫做质数(或叫素数),否则就叫做合数.

定理 1.3 若 p 是一质数,a 是任一整数,则有 $(a,p)=1$ 或 $p \mid a$.

证明 因为 $(a,p) \mid p$,$(a,p) > 0$,能够整除质数 p 的只有 1 和 p,故 $(a,p)=1$ 或 $(a,p)=p$,即 $p \mid a$. 证毕.

推论 1.1 设 $a_1,a_2,\cdots,a_n$ 是 n 个整数,p 是质数,若 $p \mid a_1a_2\cdots a_n$,则 p 一定能整除某一个 $a_k(k \in \{1,2,\cdots,n\})$.

证明 假定 $a_1,a_2,\cdots,a_n$ 都不能被 p 整除,则由定理 1.3 知
$$(a_i,p)=1, \quad i=1,2,\cdots,n.$$
再由最大公因数的性质 9 知 $(a_1a_2\cdots a_n,p)=1$,这与 $p \mid a_1a_2\cdots a_n$ 矛盾,故推论 1.1 得证.

定理 1.4(算术基本定理) 任何一个大于 1 的整数 a 都能表成一些质数的乘积,即

$$a = p_1 p_2 \cdots p_n, \quad p_1 \leqslant p_2 \leqslant \cdots \leqslant p_n, \tag{1.1}$$

其中 $p_1, p_2, \cdots, p_n$ 都是质数，并且若有

$$a = q_1 q_2 \cdots q_m, \quad q_1 \leqslant q_2 \leqslant \cdots \leqslant q_m, \tag{1.2}$$

其中 $q_1, q_2, \cdots, q_m$ 都是质数，则 $m = n$, $p_i = q_i$, $(i = 1, 2, \cdots, n)$. 即 a 的质因数乘积的表达式是唯一的.

证明 我们用数学归纳法先证明式(1.1)成立. 当 $a = 2$ 时式(1.1)显然成立. 假设对一切小于 a 的正整数式(1.1)都成立，此时若 a 是质数，则式(1.1)对 a 成立，若 a 是合数，则有两个正整数 b, c 使得 $a = bc$, $1 < b < a$, $1 < c < a$, 由归纳假设

$$b = p'_1 p'_2 \cdots p'_t, \quad c = p'_{t+1} p'_{t+2} \cdots p'_n,$$

于是就有 $a = p'_1 p'_2 \cdots p'_t p'_{t+1} p'_{t+2} \cdots p'_n,$

将 p'_i 的次序适当调动后就得到式(1.1)，故式(1.1)对 a 成立. 由归纳法知对任一大于1的正整数，式(1.1)均成立.

若还有式(1.2)也成立，则

$$p_1 p_2 \cdots p_n = q_1 q_2 \cdots q_m, \tag{1.3}$$

因此 $p_1 \mid q_1 q_2 \cdots q_m$, $q_1 \mid p_1 p_2 \cdots p_n$, 由推论1.1知有 p_k, q_j 存在，使得 $p_1 \mid q_j$, $q_1 \mid p_k$, 但 p_k, q_j 都是质数，故 $p_1 = q_j$, $q_1 = p_k$. 又 $p_k \geqslant p_1$, $q_j \geqslant q_1$, 故 $q_j = p_1 \leqslant p_k = q_1$, 从而有 $p_1 = q_j = q_1$. 由式(1.3)同样可得 $p_2 = q_2$, 由归纳法即得 $m = n$, $p_i = q_i (i = 1, \cdots, n)$. 证毕.

由此定理立刻得到以下推论：

推论1.2 任一大于1的整数 a 能够唯一地写成

$$a = p_1^{\alpha_1} p_2^{\alpha_2} \cdots p_k^{\alpha_k}, \quad \alpha_i \geqslant 0, \quad i = 1, 2, \cdots, k, \tag{1.4}$$

其中 $p_i < p_j (i < j)$. 式(1.4)叫做 a 的标准分解式.

定理1.5 质数的个数是无穷的.

证明 我们用反证法来证明这个定理. 假设正整数中只有有限个质数，设这些质数为 $p_1, p_2, \cdots, p_k$. 令 $p_1 p_2 \cdots p_k + 1 = N$, 则 $N > 1$. 由定理1.4知 N 有一质因数 p. 这里 $p \neq p_i$, $i = 1, 2, \cdots, k$, 否则 $p \mid p_1 p_2 \cdots p_k$, 而 $p \mid N$, 因此就有 $p \mid 1$. 这与 p 是质数矛盾，故此定理是成立的. 证毕.

例1.13 证明 $37 \mid (222^{333} + 333^{222})$.

证明 此题的关键是要知道111的质因数分解. 因为 $111 = 37 \times 3$(进而有 $222 = 37 \times 6$, $333 = 37 \times 9$, $444 = 37 \times 12$, $555 = 37 \times 15$,

$666=37\times18$,$777=37\times21$,$888=37\times24$,$999=37\times27$),

因此 $222^{333}+333^{222}=37^{333}\times6^{333}+37^{222}\times9^{222}$,显然能被 37 整除,证毕.

例 1.14 设正整数 $a>b>c>d$,且满足 $ac+bd=(b+d+a-c)(b+d-a+c)$,证明数 $ab+cd$,$ac+bd$,$ad+bc$ 都是合数.

证明 记 $\alpha=b+d+a-c$,$\beta=b+d-a+c$,则由已知条件有
$$\alpha\beta=a(b+d-\alpha)+bd=a^2+(b+d)a+bd-a\alpha=(a+b)(a+d)-a\alpha,$$
所以有 $\alpha\mid(a+b)(a+d)$,由于 $\alpha>a+d$,故 α 与 $a+b$ 不互质(否则将导出 $\alpha\mid(a+d)$,矛盾!),从而它们至少有一个共同的质因子 p_1. 这时由 $a+b-\alpha=c-d$ 知 $p_1\mid(c-d)$,故 $p_1\leq c-d$. 又因为 $ad+bc=d(a+b)+b(c-d)$,因而有 $p_1\mid(ad+bc)$,结合 $p_1\leq a+b$ 和 $p_1\leq c-d$ 知,$p_1<ad+bc$,由此可以得出 $ad+bc$ 是一个合数,证毕.

现证明 $ab+cd$ 是合数. 由 $c-d<b<a$ 可知,$c-d<\dfrac{a+b}{2}$,从而有 $a+b=\alpha+c-d<\alpha+\dfrac{a+b}{2}$,故 $\alpha>\dfrac{a+b}{2}$. 又由 $\alpha\mid(a+b)(a+d)$ 知,$(\alpha,a+d)>1$. 设 $p_2\mid(\alpha,a+d)$,则由 $b-c=-(a+d)+\alpha$ 可得到 $p_2\mid(b-c)$,注意到
$$ab+cd=b(a+d)-d(b-c),$$
因此就有 $p_2\mid(ab+cd)$,结合 $p_2\leq b-c<ab+cd$,即可知 $ab+cd$ 是合数,证毕.

$ac+bd$ 是合数的证明留作练习题.

例 1.15 设 a,b,c,d,e,f 都是正整数,数 $S=a+b+c+d+e+f$ 是 $abc+def$ 和 $ab+bc+ca-de-ef-fd$ 的公因数,证明 S 是一个合数.

证明 考察多项式 $f(x)=(x+a)(x+b)(x+c)-(x-d)(x-e)(x-f)$
$$=Sx^2+(ab+bc+ca-de-ef-fd)x+(abc+def),$$
由题设条件知,对任意 $x\in\mathbf{Z}$ 都有 $S\mid f(x)$. 特别地应有 $S\mid f(d)$,即
$$S\mid(d+a)(d+b)(d+c),$$
考虑到 $d+a$,$d+b$,$d+c$ 都小于 S,因而可知 S 为合数,证毕.

例 1.16 设 $n\in\mathbf{N}^*$,a,b 是两个不相等的整数,已知 $n\mid(a^n-b^n)$,证明 $n\left|\dfrac{a^n-b^n}{a-b}\right.$.

证明 对 n 的任意一个质因子 p,设 $p^\alpha\|n$,由已知条件有 $p^\alpha\mid(a^n-b^n)$,根据算术基本定理只需证明 $p^\alpha\left|\dfrac{a^n-b^n}{a-b}\right.$.

情形一:若 $p\nmid(a-b)$,则 $(p,a-b)=1$,故 $(p^\alpha,a-b)=1$,由

$p^\alpha \mid \left(\dfrac{a^n-b^n}{a-b}\right)(a-b)$ 可得到 $p^\alpha \mid \dfrac{a^n-b^n}{a-b}$.

情形二：若 $p \mid (a-b)$，设 $a=b+px$，$x \in \mathbf{Z}$，由二项式定理知

$$\dfrac{a^n-b^n}{a-b}=\dfrac{(b+px)^n-b^n}{px}=C_n^n(px)^{n-1}+C_n^{n-1}(px)^{n-2}b+\cdots+C_n^2(px)b^{n-2}+C_n^1 b^{n-1},$$

对于其中的项 $T_k=C_n^k(px)^{k-1}b^{n-k}$，$1 \leqslant k \leqslant n$，都有 $T_k=\dfrac{n}{k}C_{n-1}^{k-1}(px)^{k-1}b^{n-k}$，注意到 $p^\alpha \mid n$，而 k 的质因数分解式中 p 的幂次小于等于 $\log_p k \leqslant k-1$，所以有 $p^\alpha \mid T_k$，进而有 $p^\alpha \mid \dfrac{a^n-b^n}{a-b}$，证毕.

例 1.17　设 n 是形如 a^2+b^2 的正整数，这里 a，b 是两个互质的正整数，满足条件：若 p 为质数且 $p \leqslant \sqrt{n}$，则 $p \mid ab$，求所有符合要求的正整数 n.

解　若 $a=b$，则由 $(a,b)=1$ 知，$a=b=1$，此时 $n=2$ 符合要求.

若 $a \neq b$，不妨设 $a<b$，考察 $b-a$ 的值. 若 $b-a>1$，取 $b-a$ 的质因子 p，由 $(a,b)=1$ 知，$(b-a,b)=(b-a,a)=1$，从而 $(b-a, ab)=1$，故 $p \nmid ab$. 然而 $p \leqslant b-a < \sqrt{a^2+b^2}=\sqrt{n}$，这与要求的条件相矛盾，故 $b-a=1$. 此时有 $n=a^2+(a+1)^2=2a^2+2a+1$，直接验证可知：当 $a=1$，2 时，$n=5$，13 符合要求. 当 $a \geqslant 3$ 时，若 a 为奇数，则 $(a+2, a(a+1))=1$，此时 $a+2$ 的质因子 $p \leqslant a+2 \leqslant \sqrt{2a^2+2a+1}=n$，而 $p \nmid a(a+1)$，与条件相矛盾. 若 a 为偶数，则 $(a-1, a(a+1))=1$，此时 $a-1$ 的质因数 $p \leqslant a-1 < \sqrt{2a^2+2a+1}=\sqrt{n}$，而 $p \nmid a(a+1)$，与条件相矛盾. 综上所述，符合条件的 n 只有取值 2，5，13.

1.5　函数 $[x]$ 与 $\{x\}$

定义 1.6　函数 $[x]$ 与 $\{x\}$ 是定义在实数域上的函数，$[x]$ 的值等于不大于 x 的最大整数，$\{x\}$ 的值等于 $x-[x]$，我们把 $[x]$ 叫做 x 的整数部分，$\{x\}$ 叫做 x 的小数部分. 函数 $[x]$ 又称为高斯函数.

函数 $[x]$ 与 $\{x\}$ 具有以下性质：

性质 1　函数 $[x]$ 是单调增加的.

性质 2　$x=[x]+\{x\}$，$[x] \leqslant x < x+1$，$x-1 < [x] \leqslant x$，$0 \leqslant \{x\} < 1$.

性质 3 $[n+x]=n+[x]$，n 是整数.

性质 4 $[x]+[y]\leq[x+y]$，$\{x\}+\{y\}\geq\{x+y\}$.

性质 5 当 x 是整数时 $[-x]=-[x]$，当 x 不是整数时 $[-x]=-[x]-1$.

性质 6 （带余数除法）若 a,b 是两个整数，$b>0$，则
$$a=b\left[\frac{a}{b}\right]+b\left\{\frac{a}{b}\right\}, \quad 0\leq b\left\{\frac{a}{b}\right\}\leq b-1.$$

性质 7 若 a,b 是任意两个正整数，则不大于 a 而为 b 的倍数的正整数的个数是 $\left[\frac{a}{b}\right]$.

例 1.18 设 x,y 是任意两个实数，证明 $[2x]+[2y]\geq[x]+[x+y]+[y]$.

证明 $[2x]+[2y]=[2([x]+\{x\})]+[2([y]+\{y\})]=2[x]+2[y]+[2\{x\}]+[2\{y\}]$，

$[x]+[x+y]+[y]=[x]+[[x]+\{x\}+[y]+\{y\}]+[y]=2[x]+2[y]+[\{x\}+\{y\}]$，经比较不等式左右两端知，只要证明 $[2\{x\}]+[2\{y\}]\geq[\{x\}+\{y\}]$ 即可. 因为 $0\leq\{x\},\{y\}<1$，$\{x\}+\{y\}\leq 2\max\{\{x\},\{y\}\}$，不妨设 $\max\{\{x\},\{y\}\}=\{y\}$，这样一来就有 $\{x\}+\{y\}\leq 2\{y\}$，从而 $[2\{x\}]+[2\{y\}]\geq[2\{y\}]\geq[\{x\}+\{y\}]$，证毕.

例 1.19 设 x,y 是任意两个实数，证明 $[x]-[y]=[x-y]$ 或 $[x-y]+1$.

证明 若 x,y 均为整数，显然有 $[x]-[y]=[x-y]$. 若 x,y 不全为整数，则有
$$[x-y]=[[x]+\{x\}-[y]-\{y\}]=[x]-[y]+[\{x\}-\{y\}].$$
由于 $0\leq\{x\},\{y\}<1$，所以 $-1<\{x\}-\{y\}<1$. 当 $0\leq\{x\}-\{y\}<1$ 时，$[\{x\}-\{y\}]=0$，当 $-1<\{x\}-\{y\}<0$ 时，$[\{x\}-\{y\}]=-1$. 故 $[x]-[y]=[x-y]$ 或 $[x-y]+1$. 证毕.

例 1.20 求出所有满足 $[x]^2=x\cdot\{x\}$ 的实数 x.

解 因为 $x=[x]+\{x\}$，所证等式即为

$$\{x\}^2+[x]\cdot\{x\}-[x]^2=0. \qquad (*)$$

当 $[x]\geqslant 2$ 时，$\{x\}^2+[x]\cdot\{x\}<1+[x]<2[x]\leqslant[x]^2$，所以必有 $[x]=0$，或 1.

当 $[x]=0$ 时，由式（*）知 $\{x\}=0$，从而 $x=0$.

当 $[x]=1$ 时，再由式（*）知 $\{x\}^2+\{x\}-1=0$，从而 $\{x\}=\frac{\sqrt{5}-1}{2}$（不取负数），则 $x=1+\frac{\sqrt{5}-1}{2}=\frac{1+\sqrt{5}}{2}$，故满足题设等式的实数 x 取值为 0，$\frac{1+\sqrt{5}}{2}$.

注 在求 $n!$ 的标准质因数分解式时，函数 $[x]$ 发挥了重要作用.

定理 1.6 在 $n!$ 的标准质因数分解式中，质因数 p 的幂指数 h_p 由以下公式给出：$h_p=\left[\frac{n}{p}\right]+\left[\frac{n}{p^2}\right]+\cdots+\left[\frac{n}{p^r}\right]$. 当 $p^r>n$ 时 $\left[\frac{n}{p^r}\right]=0$，故该公式只有有限项.

证明 设想把 $2,3,\cdots,n$ 都分解成标准分解式. 由算术基本定理知，h_p 就是这 $n-1$ 个分解式中 p 的指数之和. 设其中 p 的指数是 r 的有 n_r 个 $(1\leqslant r)$，则

$$\begin{aligned}h_p&=n_1+2n_2+3n_3+\cdots\\&=n_1+n_2+n_3+\cdots+\\&\quad n_2+n_3+\cdots+\\&\quad n_3+\cdots+\\&\quad \cdots\\&=N_1+N_2+N_3+\cdots,\end{aligned}$$

其中 $N_r=n_r+n_{r+1}+\cdots$，恰好是 $2,3,\cdots,n$ 这 $n-1$ 个数中能被 p^r 除尽的个数，由函数 $[x]$ 的性质 7 知道 $N_r=\left[\frac{n}{p^r}\right]$，故 $h_p=\left[\frac{n}{p}\right]+\left[\frac{n}{p^2}\right]+\cdots+\left[\frac{n}{p^r}\right]$.

例 1.21 求 $30!$ 的标准分解式.

解 $h_2=\left[\frac{30}{2}\right]+\left[\frac{30}{4}\right]+\left[\frac{30}{8}\right]+\left[\frac{30}{16}\right]=26$，

$h_3=\left[\frac{30}{3}\right]+\left[\frac{30}{9}\right]+\left[\frac{30}{27}\right]=14$，$h_5=\left[\frac{30}{5}\right]+\left[\frac{30}{25}\right]=7$，$h_7=\left[\frac{30}{7}\right]=4$，

同理可得，$h_{11}=2$，$h_{13}=2$，$h_{17}=1$，$h_{19}=1$，$h_{23}=1$，$h_{29}=1$，故 $30!=2^{26}\cdot 3^{14}\cdot 5^7\cdot 7^4\cdot 11^2\cdot 13^2\cdot 17\cdot 19\cdot 23\cdot 29$.

下面的定理说明函数$[x]$在计算平面区域内整点(坐标为整数的点)的个数时是很有用的.

> **定理 1.7** 设函数$f(x)$在闭区间$Q\leqslant x\leqslant R$是连续的并且非负,则平面区域$Q<x\leqslant R$,$0<y\leqslant f(x)$内的整点的个数为
> $$\sum_{Q<x\leqslant R}[f(x)].$$

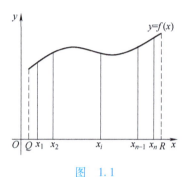

图 1.1

证明 如图1.1所示,计算平面区域内的整点个数的方法如下:

首先找出$Q<x\leqslant R$上的所有整点$x_1,x_2,\cdots,x_n$,其中$x_1=[Q+1]$,$x_n=[R]$,在$x=x_i(i=1,2,\cdots,n)$上,区域内的整点个数为$[f(x_i)]$,故所求整点个数为

$$[f(x_1)]+[f(x_2)]+\cdots+[f(x_n)]=\sum_{Q<x\leqslant R}[f(x)].$$

例 1.22 设$n>0$,T是区域$x>0$,$y>0$,$xy\leqslant n$内的整点数,证明

$$T=2\sum_{0<x\leqslant\sqrt{n}}\left[\frac{n}{x}\right]-[\sqrt{n}]^2.$$

证明 如图1.2~图1.4所示,根据定理1.7,由图的对称性知,S_1与S_2内的整点数都是$\sum_{0<x\leqslant\sqrt{n}}\left[\frac{n}{x}\right]$个,而$S_3$内的整点数是$[\sqrt{n}]^2$个,故题设区域内的整点数是$T=2\sum_{0<x\leqslant\sqrt{n}}\left[\frac{n}{x}\right]-[\sqrt{n}]^2$,证毕.

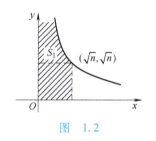

图 1.2

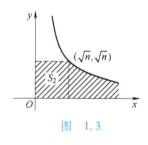

图 1.3

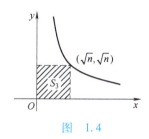

图 1.4

1.6 函数$d(n)$与$\sigma(n)$

定义 1.7 用$d(n)$表示正整数n的正因数个数(也有用$\tau(n)$来表示的).

设$n=p_1^{\alpha_1}p_2^{\alpha_2}\cdots p_k^{\alpha_k}$,则$n$的因数为$p_1^{\beta_1}p_2^{\beta_2}\cdots p_k^{\beta_k}$,$0\leqslant\beta_i\leqslant\alpha_i$,$i=1,2,\cdots,k$.即$p_i$的幂指数$\beta_i$有$\alpha_i+1$个不同的取值$0,1,\cdots,\alpha_i(i=1,2,\cdots,k)$.于是根据乘法原则就有$d(n)=(\alpha_1+1)$

$(\alpha_2+1)\cdots(\alpha_k+1)$，这就是 $d(n)$ 的计算公式. 由这个计算公式知，当且仅当所有 α_i 为偶数时，$d(n)$ 是奇数. 即当且仅当 n 为平方数时，$d(n)$ 是奇数.

例 1.23 求 $d(n)=10$ 的最小正整数 n.

解 因为 $10=2\times 5$，所以 $n=p^9$ 或 $p_1^1 p_2^4$，又因为 $2^9>3\times 2^4$，于是最小的正整数 $n=3\times 2^4=48$.

定义 1.8 用 $\sigma(n)$ 表示正整数 n 的所有正因数之和，即
$$\sigma(n)=\sum_{d\mid n}d.$$

设 n 的标准分解式为 $n=p_1^{\alpha_1}p_2^{\alpha_2}\cdots p_k^{\alpha_k}$，则

$$\begin{aligned}\sigma(n)&=\sum_{0\leqslant\beta_i\leqslant\alpha_i}p_1^{\beta_1}p_2^{\beta_2}\cdots p_k^{\beta_k}(i=1,2,\cdots,k)\\&=\sum_{0\leqslant\beta_i\leqslant\alpha_i}(p_1^0+p_1^1+\cdots+p_1^{\alpha_1})p_2^{\beta_2}\cdots p_k^{\beta_k}\\&=\sum(p_1^0+\cdots+p_1^{\alpha_1})(p_2^0+p_2^1+\cdots+p_2^{\alpha_2})p_3^{\beta_3}\cdots p_k^{\beta_k}\\&\quad\vdots\\&=(p_1^0+\cdots+p_1^{\alpha_1})(p_2^0+\cdots+p_2^{\alpha_2})\cdots(p_k^0+p_k^1+\cdots+p_k^{\alpha_k})\\&=\frac{p_1^{\alpha_1+1}-1}{p_1-1}\cdot\frac{p_2^{\alpha_2+1}-1}{p_2-1}\cdot\cdots\cdot\frac{p_k^{\alpha_k+1}-1}{p_k-1}\\&=\prod_{i=1}^k\frac{p_i^{\alpha_i+1}-1}{p_i-1}.\end{aligned}$$

这就是 $\sigma(n)$ 的计算公式.

易知 $d(n)$ 与 $\sigma(n)$ 都是积性函数，即 $d(mn)=d(m)\cdot d(n)$，$\sigma(mn)=\sigma(m)\cdot\sigma(n)$，这里自然数 m,n 须满足 $(m,n)=1$. 另外需要注意的是，对于正整数 a,b，如果 a,b 的所有正因数的乘积相等，那么必然有 $a=b$，然而由 $\sigma(a)=\sigma(b)$ 并不能推出 $a=b$. 同样由 $d(a)=d(b)$ 也不能推出 $a=b$.

例 1.24 设 n 是大于 1 的正整数，证明：$k\sqrt{n}<\sigma(n)<n\sqrt{2k}$，其中 $k=d(n)$.

证明 因为 $\sigma(n)=\sum_{d\mid n}d=\sum_{d\mid n}\frac{n}{d}$，这里 $\sum_{d\mid n}$ 表示展布在 n 的所有正因数上的求和. 所以我们有 $\sigma(n)=\frac{1}{2}\sum_{d\mid n}\left(d+\frac{n}{d}\right)\geqslant\frac{1}{2}\sum_{d\mid n}2\sqrt{n}=\sqrt{n}\sum_{d\mid n}1=k\sqrt{n}$，这里等号不成立是因为求和式中有一项 $1+n>2\sqrt{n}$. 根据柯西 (Cauchy) 不等式可得到

$$\sigma(n)^2 = \left(\sum_{d|n} d\right)^2 \leq k \sum_{d|n} d^2 = k \sum_{d|n} \left(\frac{n}{d}\right)^2$$

$$= kn^2 \left(\sum_{d|n} \frac{1}{d^2}\right) < kn^2 \sum_{j=1}^{n} \frac{1}{j^2}$$

$$< kn^2 \left(1 + \sum_{j=2}^{n} \frac{1}{j(j-1)}\right)$$

$$= kn^2 \left(1 + \sum_{j=2}^{n} \left(\frac{1}{j-1} - \frac{1}{j}\right)\right)$$

$$= kn^2 \left(2 - \frac{1}{n}\right) < 2kn^2.$$

即 $\sigma(n) < n\sqrt{2k}$，证毕.

最后介绍几个在初等数论中经常出现的数：费马（Fermat）数，梅森（Mersenne）数，孪生质数，斐波那契（Fibonacci）数列，盈数，亏数，完全数.

定义 1.9 形如 $F_n = 2^{2^n} + 1$ 的数称为费马（Fermat）数. 这里 $n \in \mathbf{N}$.

定义 1.10 形如 $M_p = 2^p - 1$ 的质数称为梅森（Mersenne）数. 这里 p 为质数.

当 $p = 2, 3, 5, 7$ 时，M_p 确为质数，但对于大于 11 的质数 p，M_p 中既有质数也有合数. 截止 1998 年年底，已知的最大梅森数是 $M_{3021377}$，共有 909526 位. 是否有无穷多个梅森数是一个尚未解决的难题.

定义 1.11 如果 p 与 $p+2$ 都是质数，那么称这两个质数为孪生质数.

定义 1.12 称满足 $F_1 = 1$, $F_2 = 1$, $F_{n+2} = F_n + F_{n+1}$ ($n \in \mathbf{N}$) 的数列为斐波那契（Fibonacci）数列.

在斐波那契（Fibonacci）数列中，注意到 $F_4 = 3$, $F_5 = 5$ 就是一对孪生质数，可以证明，当 $n \geq 8$ 时，F_n 都不会出现在孪生质数数列中.

定义 1.13 称满足 $\sigma(n) > 2n$ 的正整数 n 为盈数，称满足 $\sigma(n) < 2n$ 的正整数 n 为亏数，称满足 $\sigma(n) = 2n$ 的正整数 n 为完全数.

例如，$6 = 1+2+3$，$28 = 1+2+4+7+14$ 都是完全数．

例 1.25 证明：如果偶数 $n = 2^{p-1}(2^p-1)$，其中 p 与 2^p-1 均为质数，则 n 是完全数．

证明 若偶数 $n = 2^{p-1}(2^p-1)$，p 与 2^p-1 均为质数，则由 $\sigma(n)$ 的计算公式知

$$\sigma(n) = \frac{2^p-1}{2-1} \cdot (1+(2^p-1)) = (2^p-1) \cdot 2^p = 2n.$$

即 n 为完全数．

习题 1

1. 证明当 n 为奇数时 $24 \mid n(n^2-1)$．

2. 若 a 和 b 都是整数且满足 $(a,16) = (b,24) = 2$，证明 $4 \mid (a+b)$．

3. 若整数 a 不能被 2 和 3 整除，证明 a^2+23 能被 24 整除．

4. 对任意整数 n，证明 4 不能整除 (n^2+2)．

5. 证明任意四个连续整数的乘积加 1 必是一个平方数．

6. 若 a，b，c，d 均为整数且 $(a-c) \mid (ab+cd)$，证明 $(a-c) \mid (ad+bc)$．

7. 证明当 n 是奇数时 $3 \mid (2^n+1)$，$4 \mid (3^n+1)$，$5 \mid (2^{2n}+1)$，$10 \mid (3^{2n}+1)$，当 n 是偶数时以上整除式均不成立．

8. 设 $a, b \in \mathbf{N}^*$，且 $\frac{ab}{a+b} \in \mathbf{N}^*$，证明 $(a,b) > 1$．

9. 求所有正整数 a，b，使得 $(a,b)+9[a,b]+9(a+b) = 7ab$．

10. 设 $m, n \in \mathbf{N}^*$，且 m 为奇数，证明 $(2^m-1, 2^n+1) = 1$．

11. 设 a，b，m，$n \in \mathbf{N}^*$，满足 $(a,b) = 1$ 且 $a > 1$，证明若 $(a^m+b^m) \mid (a^n+b^n)$，则 $m \mid n$．

12. 设正整数 $a > b > c > d$，满足 $ac+bd = (b+d+a-c)(b+d-a+c)$，证明 $ac+bd$ 是合数．

13. 是否存在 100 个不同的正整数，使得它们的和等于它们的最小公倍数？

14. 设 $n \in \mathbf{N}^*$，$n > 1$，且数 $1!, 2!, \cdots, n!$ 中任意两数除以 n 所得余数都不相同，证明 n 是质数．

15. 设 $n \in \mathbf{N}^*$，$n > 1$，p 为质数，已知 $n \mid (p-1)$，$p \mid (n^3-1)$，证明 $4p-3$ 是一个完全平方数．

16. 设 A 是一个 1000 位数，已知 A 的任意 10 个连续数码构成的数都是 2^{10} 的倍数，证明 $2^{1000} \mid A$．

17. 证明在十进制数表示下，每个正整数的正因数中末尾数字为 1 或 9 的数的个数大于等于末尾数字为 3 或 7 的数的个数．

18. 证明任意一个正整数都可以表示为某两个正整数 a，b 的差，并且 a，b 的不同质因子的个数相同．

19. 设 $m, n \in \mathbf{N}^*$，$m \leqslant \frac{n^2}{4}$，$m$ 的每个质因子都不大于 n，证明 $m \mid n!$．

20. 给定正整数 $n \geqslant 2$，设 $d_1, d_2, \cdots, d_n \in \mathbf{N}^*$，且 $(d_1, d_2, \cdots, d_n) = 1$，$d_i \mid (d_1+\cdots+d_n)$，$i = 1,2,\cdots,n$．

(1) 证明 $d_1 d_2 \cdots d_n \mid (d_1+d_2+\cdots+d_n)^{n-2}$．

(2) 对每个 $n \geqslant 3$，给出一个例子说明 (1) 中的 $n-2$ 不能再减小．

21. (1) 求所有的质数数列 $p_1 < p_2 < \cdots < p_n$，使得 $\left(1+\frac{1}{p_1}\right)\left(1+\frac{1}{p_2}\right)\cdots\left(1+\frac{1}{p_n}\right)$ 是整数．

(2) 是否存在 n 个大于 1 的不同正整数 $a_1, a_2, \cdots, a_n$，使得

$$\left(1+\frac{1}{a_1^2}\right)\left(1+\frac{1}{a_2^2}\right)\cdots\left(1+\frac{1}{a_n^2}\right)$$

是整数？

22. (1) 求所有的正整数对 (a,b)，$a \neq b$，使得 b^2+a 是一个质数的幂次，并且满足 $(b^2+a) \mid (a^2+b)$．

(2) 设 a，b 是两个大于 1 的不同的正整数，

且 $(b^2+a-1) \mid (a^2+b-1)$，证明 b^2+a-1 有至少两个不同的质因子.

23. 求 1999! 的末尾有多少个连续的零.

24. 证明对于任意正整数 n 和实数 x 有
$$[x]+\left[x+\frac{1}{n}\right]+\left[x+\frac{2}{n}\right]+\cdots+\left[x+\frac{n-1}{n}\right]=[nx].$$

25. 证明对于任意正整数 n 和实数 x 有
$$\left[\frac{[nx]}{n}\right]=[x].$$

26. 设 n 是正整数，证明 $\left[\frac{n}{2}\right]\cdot\left[\frac{n+1}{2}\right]=\left[\frac{n^2}{4}\right]$.

27. 试求满足在 $n!$ 的标准分解式中质因数 3 的幂指数为 7 的正整数 n.

28. 设 p,q 是两个互质的奇正整数，证明
$$\sum_{0<x<\frac{q}{2}}\left[\frac{p}{q}x\right]+\sum_{0<y<\frac{p}{2}}\left[\frac{q}{p}y\right]=\frac{p-1}{2}\cdot\frac{q-1}{2}.$$

29. 设 $r>0$，T 是区域 $x^2+y^2\leq r^2$ 内的整点数，证明
$$T=1+4[r]+8\sum_{0<x\leq\frac{r}{\sqrt{2}}}\left[\sqrt{r^2-x^2}\right]-4\left[\frac{r}{\sqrt{2}}\right]^2.$$

30. 设 n 是任一正整数且 $n=a_0+a_1p+a_2p^2+\cdots$，p 是质数，$0\leq a_i<p$，证明在 $n!$ 的标准分解式中，p 的幂指数是 $h_p=\frac{n-S_n}{p-1}$，其中 $S_n=a_0+a_1+a_2+\cdots$.

31. 计算 $d(420)$，$\sigma(420)$.

32. 证明若 n 是 2 的幂，则 $\sigma(n)$ 是奇数.

33. 证明卡尔达诺(Cardano)结论：若 $p_1,p_2,\cdots,p_k$ 是不同的质数，则
$$d(p_1p_2\cdots p_k)-1=1+2+\cdots+2^{k-1}.$$

34. n 是什么数时，$d(n)=8$?

35. 证明 $\sum_{d\mid n}\frac{1}{d}=\frac{\sigma(n)}{n}$.

36. 证明所有的偶完全数以 6 和 8 结尾.

第 2 章 同余理论及其应用

2.1 同余的定义

定义 2.1 给定一个正整数 m，把它叫做模. 如果用 m 去除任意两个整数 a 和 b 所得的余数相同，我们就说 a, b 对模 m 同余，记做 $a \equiv b \pmod{m}$. 如果余数不同，我们就说 a, b 对模 m 不同余，记做 $a \not\equiv b \pmod{m}$.

由同余的定义可以得到以下两个同余关系成立的充分必要条件，这些充分必要条件可以用来判断两个整数 a, b 是否具有同余关系.
- $a \equiv b \pmod{m}$ 成立的充分必要条件是 $m \mid (a-b)$.
- $a \equiv b \pmod{m}$ 成立的充分必要条件是 $a = b + mt$ 或 $b = a + ms (s, t \in \mathbf{Z})$.

2.2 同余概念的基本性质

性质 1 （同余关系的自反性）$a \equiv a \pmod{m}$.

性质 2 （同余关系的对称性）若 $a \equiv b \pmod{m}$，则 $b \equiv a \pmod{m}$.

性质 3 （同余关系的传递性）若 $a \equiv b \pmod{m}$，$b \equiv c \pmod{m}$，则 $a \equiv c \pmod{m}$.

性质 4 若 $a_1 \equiv b_1 \pmod{m}$，$a_2 \equiv b_2 \pmod{m}$，则 $a_1 + a_2 \equiv b_1 + b_2 \pmod{m}$，$a_1 - a_2 \equiv b_1 - b_2 \pmod{m}$.

若 $a + b \equiv c \pmod{m}$，$b \equiv d \pmod{m}$，则 $a + d \equiv c \pmod{m}$.

若 $a + b \equiv c \pmod{m}$，则 $a \equiv c - b \pmod{m}$.

性质 5 若 $a_1 \equiv b_1 \pmod{m}$，$a_2 \equiv b_2 \pmod{m}$，则 $a_1 a_2 \equiv b_1 b_2 \pmod{m}$.

若 $a \equiv b \pmod{m}$，$k \in \mathbf{Z}$，则 $ak \equiv bk \pmod{m}$.

若 $a \equiv b \pmod{m}$，则 $a^n \equiv b^n \pmod{m}$.

若 $ab \equiv c \pmod{m}$，$b \equiv d \pmod{m}$，则 $ad \equiv c \pmod{m}$.

性质 6 若 $a \equiv b \pmod{m}$ 且 $a = a_1 d$，$b = b_1 d$，$(d, m) = 1$，则 $a_1 \equiv b_1 \pmod{m}$.

性质 7 若 $a \equiv b \pmod{m}$，$k > 0$，则 $ak \equiv bk \pmod{mk}$.

若 $a \equiv b \pmod{m}$，d 是 a，b 及 m 的任一正公因数，则 $\dfrac{a}{d} \equiv \dfrac{b}{d} \left(\bmod \dfrac{m}{d} \right)$.

性质 8 若 $a \equiv b \pmod{m_i}$，$i = 1, 2, \cdots, k$，则 $a \equiv b \pmod{[m_1, m_2, \cdots, m_k]}$.

性质 9 若 $a \equiv b \pmod{m}$，$d \mid m$，$d > 0$，则 $a \equiv b \pmod{d}$.

性质 10 若 $a \equiv b \pmod{m}$，则 $(a, m) = (b, m)$，因而若 d 能整除 m 及 a，b 二数之一，则 d 必能整除 a，b 中的另一个.

由同余的性质还可以得到以下两个很重要也很有用的结论：

定理 2.1 若 $a_i \equiv b_i \pmod{m}$，$i = 0, 1, \cdots, n$，则
$$a_n x^n + a_{n-1} x^{n-1} + \cdots + a_0 \equiv b_n x^n + b_{n-1} x^{n-1} + \cdots + b_0 \pmod{m}.$$

定理 2.2 若 $x \equiv y \pmod{m}$，则
$$a_n x^n + a_{n-1} x^{n-1} + \cdots + a_0 \equiv a_n y^n + a_{n-1} y^{n-1} + \cdots + a_0 \pmod{m}.$$

例 2.1 求 347^{1203} 的个位数.

解 任何一个正整数的个位数是被 10 除所得的余数，我们取模为 10. 因为 347^{1203} 的个位数就是 7^{1203} 的个位数，而 $7^2 \equiv -1 \pmod{10}$，所以 $7^{1203} \equiv (7^2)^{600} \cdot 7^3 \equiv (-1)^{600} \cdot 7^3 \equiv 7^3 \equiv 3 \pmod{10}$，即 347^{1203} 的个位数是 3.

例 2.2 求 4389^9 的后两位数.

解 任何一个正整数的后两位数是被 100 除所得的余数，我们取模为 100，因为 4389^9 的后两位数就是 89^9 的后两位数，而 $89 \equiv -11 \pmod{100}$，所以 $89^9 \equiv (-11)^9 \equiv -11^9 \pmod{100}$. 我们知道，$11^1$ 的后两位数是 11，11^2 的后两位数是 21，11^3 的后两位数是 31，$\cdots$，11^9 的后两位数是 91，所以 $89^9 \equiv -11^9 \equiv -91 \equiv 09 \pmod{100}$，即 4389^9 的后两位数是 09.

例 2.3 证明 $641 \mid (2^{32}+1)$.

证法一 易知 $2^8 = 256$，$2^{16} = 65536 \equiv 154 \pmod{641}$，$2^{32} \equiv 154^2 \equiv 23716 \equiv -1 \pmod{641}$，因此由同余的充要条件知 $641 \mid (2^{32}+1)$.

证法二 由于 $641 = 640+1 = 5 \cdot 2^7 +1$，所以 $5 \cdot 2^7 \equiv -1 \pmod{641}$，由同余性质 5 知 $5^4 \cdot 2^{28} \equiv 1 \pmod{641}$，而 $5^4 = 625 \equiv -2^4 \pmod{641}$，因此 $5^4 \cdot 2^{28} \equiv -2^4 \cdot 2^{28} \equiv -2^{32} \equiv 1 \pmod{641}$，即 $2^{32}+1 \equiv 0 \pmod{641}$，$641 \mid (2^{32}+1)$ 得证.

例 2.4 如果今天是星期一，从今天起过 $10^{10^{10}}$ 天后是星期几.

解 $10^{10} = 3N+1$，其中 $N = 3333333333$，$10^{10^{10}} = 10^{3N+1} = (10^3)^N \cdot 10$，我们知道，$10^3 \equiv -1 \pmod 7$，因此 $10^{10^{10}} \equiv (10^3)^N \cdot 10 \equiv (-1)^N \cdot 10 \equiv -10 \equiv 4 \pmod 7$，即过 $10^{10^{10}}$ 天后是星期五.

例 2.5 求 $(12371^{56}+34)^{28}$ 被 111 除所得的余数.

解法 1 因为 $12371 = 111^2 + 50 \equiv 50 \pmod{111}$，故 $12371^2 \equiv 50^2 \equiv 58 \pmod{111}$，$12371^4 \equiv 58^2 \equiv 34 \pmod{111}$，又 $34^3 \equiv 10 \pmod{111}$，故 $12371^{56} \equiv (12371^4)^{14} \equiv 34^{14} \equiv (34^3)^4 \cdot 34^2 \equiv 10^4 \cdot 34^2 \pmod{111}$，又 $10^4 \equiv 10 \pmod{111}$，所以有 $12371^{56} \equiv 10 \cdot 34^2 \pmod{111}$，$12371^{56} + 34 \equiv 10 \cdot 34^2 + 34 \equiv 50 \pmod{111}$，$(12371^{56}+34)^{28} \equiv (50^2)^{14} \equiv (58^2)^7 \equiv 34^7 \equiv (34^3)^2 \cdot 34 \equiv 10^2 \cdot 34 \equiv 3400 \equiv 70 \pmod{111}$，即所得余数为 70.

解法 2 因为 $12371 \equiv 50 \pmod{111}$，所以 $12371^{56} \equiv 50^{56} \pmod{111}$，又 $10^3 \equiv 1 \pmod{111}$，得到 $50^{56} \equiv 5^{56} \cdot 10^{56} \equiv 5^{56} \cdot (10^3)^{18} \cdot 10^2 \equiv 5^{56} \cdot 10^2 \pmod{111}$，又 $5^{56} = (5^4)^{14}$，$5^4 = 625 \equiv 70 \pmod{111}$，这样一来就有 $5^{56} \equiv 70^{14} \pmod{111}$，$70^{14} \equiv 7^{14} \cdot 10^{14} \equiv (7^3)^4 \cdot 7^2 \cdot (10^3)^4 \cdot 10^2 \pmod{111}$，因为 $7^3 \equiv 10 \pmod{111}$，所以 $70^{14} \equiv 10^4 \cdot 7^2 \cdot 10^2 \equiv 49 \pmod{111}$，$50^{56} \equiv 49 \cdot 10^2 \equiv 16 \pmod{111}$，从而得到 $(12371^{56}+34)^{28} \equiv (16+34)^{28} \equiv 50^{28} \pmod{111}$. 重复上面的运算就有 $50^{28} \equiv 70 \pmod{111}$，即所得余数为 70.

例 2.6 证明任一完全平方数对模 4 来说与 0 或 1 同余.

证明 在 1.1 节整除的定义及其性质里介绍过,任一整数的平方是 $4n$ 或 $4n+1$ 的形式,即偶数的平方一定是 $4n$ 的形式,而奇数的平方一定是 $4n+1$ 的形式,这里 $n \in \mathbf{N}$,故任一完全平方数对模 4 来说与 0 或 1 同余,证毕.

2.3 剩余类与剩余系

定义 2.2 若 m 是一个给定的正整数,则全部整数可分成为 m 个集合:$K_0, K_1, \cdots, K_{m-1}$,其中 $K_r(r=0,1,\cdots,m-1)$ 是由一切形如 $qm+r(q=0, \pm 1, \pm 2, \cdots)$ 的整数所组成的,这些集合就叫做模 m 的剩余类.

定义 2.3 在模 m 的剩余类集合 $K_0, K_1, \cdots, K_{m-1}$ 中,从每个剩余类里任取出一个数,由这 m 个数组成的集合叫做模 m 的完全剩余系.特别的,集合 $0,1,\cdots,m-1$ 叫做模 m 的最小非负完全剩余系.

定理 2.3 对于模 m 的剩余类集合 $K_0, K_1, \cdots, K_{m-1}$,每一个整数必包含在一个且仅仅一个剩余类里,两个整数在同一个剩余类中的充要条件是这两个整数对模 m 同余.

证明 设 a 是任一整数,由带余数除法知 $a=mq+r_a$,$0 \leqslant r_a < m$,故 a 包含在 K_{r_a} 内,因为 r_a 是由 a 唯一确定的,因此 a 只能在 K_{r_a} 内.

设 a,b 是两个正整数,且都在 K_r 内,则 $a=mq_1+r$,$b=mq_2+r$,故 $a \equiv b \pmod{m}$. 反之若 $a \equiv b \pmod{m}$,则由同余定义即知 a,b 同在某一 K_r 内.

定义 2.4 如果一个模 m 的剩余类里面的数与 m 互质,就把它叫做一个与模 m 互质的剩余类.

定义 2.5 在与模 m 互质的全部剩余类中,从每一类各任取一数所作成的数的集合叫做模 m 的简化剩余系.模 m 的简化剩余系中共包含 $\varphi(m)$ 个数($\varphi(m)$ 的定义见下面定义 2.6).

定义 2.6 欧拉函数 $\varphi(m)$ 是定义在正整数上的函数，它在正整数 m 上的值等于序列 $0, 1, 2, \cdots, m-1$ 中与 m 互质的数的个数.

例如 $\varphi(6)=2$，$\varphi(10)=4$，若 p 为质数，则显然有 $\varphi(p)=p-1$.

欧拉函数具有以下几个基本性质：

（ⅰ）若 $m>2$，则 $\varphi(m)$ 一定是偶数.

（ⅱ）设 m 的标准分解式为 $m=p_1^{\alpha_1} p_2^{\alpha_2} \cdots p_k^{\alpha_k}$，则

$$\varphi(m)=m\left(1-\frac{1}{p_1}\right)\left(1-\frac{1}{p_2}\right)\cdots\left(1-\frac{1}{p_k}\right).$$

（ⅲ）若 $(m,n)=1$，则 $\varphi(mn)=\varphi(m)\varphi(n)$.

（ⅳ）$\sum_{d\mid m}\varphi(d)=m$，其中 $\sum_{d\mid m}$ 表示 d 取遍 m 的所有正因子.

例如

$$\sum_{d\mid 6}\varphi(d)=\varphi(1)+\varphi(2)+\varphi(3)+\varphi(6)=1+1+2+2=6.$$

例 2.7 设 p 为质数，$m, n, k \in \mathbf{N}^*$，$n \geq m+2$，k 为大于 1 的奇数，并且还有 $p=k\cdot 2^n+1$，$p\mid(2^{2^m}+1)$，证明 $k^{2^{n-1}}\equiv 1(\bmod p)$.

证明 由已知条件 $k\cdot 2^n\equiv -1(\bmod p)$，两边 2^{n-1} 次方得到 $k^{2^{n-1}}\cdot 2^{n\cdot 2^{n-1}}\equiv 1(\bmod p)$. 另一方面，因为 $2^{2^m}\equiv -1(\bmod p)$ 及 $n\geq m+2$，考虑到 $2^{m+1}\mid n\cdot 2^{n-1}$，所以有 $2^{n\cdot 2^{n-1}}\equiv 1(\bmod p)$，即 $k^{2^{n-1}}\equiv 1(\bmod p)$，证毕.

例 2.8 设 p 是一个质数，k 为正整数，证明：(1) $p\mid C_p^k$，$k=1, 2, \cdots, p-1$，

(2) $C_{p-1}^k\equiv (-1)^k(\bmod p)$，$k=0, 1, \cdots, p-1$，

(3) $C_k^p\equiv \left[\dfrac{k}{p}\right](\bmod p)$.

证明 (1) 由组合公式知 $kC_p^k=pC_{p-1}^{k-1}$，故 $p\mid kC_p^k$，显然 $p\nmid k$，而 p 是质数，因此有 $p\mid C_p^k$，证毕.

(2) 应用(1)及二项式系数的递推关系，易得 $C_{p-1}^k+C_{p-1}^{k-1}\equiv 0(\bmod p)$，$1\leq k\leq p-1$，由此并对 k 进行归纳即可得出证明.

(3) p 个连续整数 $k, k-1, \cdots, k-p+1$，构成模 p 的一个完全剩余系，其中恰有一个数能被 p 整除，设这个数为 $k-i$，$0\leq i\leq p-1$，则有

$$\left[\frac{k}{p}\right]=\left[\frac{k-i+i}{p}\right]=\frac{k-i}{p}+\left[\frac{i}{p}\right]=\frac{k-i}{p}.$$

注意到在上述 p 个数中除去 $k-i$ 后，构成 p 的一个简化剩余系，若记

$$Q = \frac{k(k-1)\cdots(k-p+1)}{k-i}.$$

则有 $Q \equiv (P-1)(\bmod\ p)$，又显然有

$$Q\left[\frac{k}{p}\right] = \frac{k-i}{p}Q = (p-1)!\ \mathrm{C}_k^p.$$

于是有 $(p-1)!\ \left[\dfrac{k}{p}\right] \equiv Q\left[\dfrac{k}{p}\right] \equiv (p-1)!\ \mathrm{C}_k^p (\bmod\ p).$

因为 $p \nmid (p-1)!$，故由上式可推出 $\mathrm{C}_k^p \equiv \left[\dfrac{k}{p}\right] (\bmod\ p)$，证毕.

例 2.9 设 $m, n \in \mathbf{N}^*$，m 为奇数，且 $(m, 2^n-1) = 1$，证明数 $1^n + 2^n + \cdots + m^n$ 是 m 的倍数.

证明 我们知道 $1, 2, \cdots, m$ 是模 m 的一个完全剩余系，由 $(2, m) = 1$ 知 $2 \times 1, 2 \times 2, \cdots, 2 \times m$ 也是模 m 的一个完全剩余系，所以有 $\sum\limits_{k=1}^{m} k^n \equiv \sum\limits_{k=1}^{m}(2k)^n (\bmod\ m)$，即

$$m \mid (2^n - 1)\sum_{k=1}^{m} k^n.$$

由已知 $(m, 2^n-1) = 1$，所以有 $m \mid \sum\limits_{k=1}^{m} k^n$，证毕.

例 2.10 设 $a_1, a_2, \cdots$ 是一个由整数组成的数列，该数列中既有无穷多项正整数，又有无穷多项负整数，并且对任意 $n \in \mathbf{N}^*$，数 $a_1, a_2, \cdots, a_n$ 除以 n 所得的余数两两不同. 证明每个整数恰好在该数列中出现一次.

证明 先证数列中任意两项不同. 事实上，若存在 $i, j \in \mathbf{N}^*$，$i < j$，使得 $a_i = a_j$，则在 $a_1, a_2, \cdots, a_j$ 中有两个数（a_i 和 a_j）除以 j 所得的余数相同，导致矛盾. 再证对任意 $1 \leq i < j \leq n$，都有 $|a_i - a_j| \leq n-1$. 如果存在 $n \in \mathbf{N}^*$ 及下标 $1 \leq i < j \leq n$，使得 $|a_i - a_j| \geq n$，令 $m = |a_i - a_j|$，考察数列 $a_1, a_2, \cdots, a_m$，一方面它们构成模 m 的一个完全剩余系，另一方面，因为 $m \geq n$，从而 a_i 与 a_j 都是其中的项，而 $|a_i - a_j| = m \equiv 0 (\bmod\ m)$，故 $a_i \equiv a_j (\bmod\ m)$，导致矛盾. 对每个 $n \in \mathbf{N}^*$，记 $a_{i(n)} = \min\{a_1, \cdots, a_n\}$，$a_{j(n)} = \max\{a_1, \cdots, a_n\}$，则 $|a_{i(n)} - a_{j(n)}| \leq n-1$. 又 $a_1, a_2, \cdots, a_n$ 构成模 n 的一个完全剩余系，因此 $|a_{i(n)} - a_{j(n)}| \geq n-1$，从而有 $|a_{i(n)} - a_{j(n)}| = n-1$. 这就表明 $a_1, a_2, \cdots, a_n$ 恰是 $a_{i(n)}$ 与 $a_{j(n)}$ 之间所有整数的排列. 最后，对任意 $x \in \mathbf{Z}$，由于数列中有无穷多个正整数和无穷多个负整数，故存在 i, j，

使得 $a_i<x<a_j$. 这时令 $n\geq\max\{i,j\}$, 由上面证明的结论可知在 a_1, $a_2,\cdots,a_n$ 中包含 a_i 与 a_j 之间的每一个整数, 从而 x 在数列中出现, 证毕.

2.4 几个重要的定理

欧拉(Euler)定理、费马(Fermat)小定理、威尔逊(Wilson)定理, 以及 2.6 节介绍的拉格朗日(Lagrange)定理是数论中的几个重要定理, 它们在数论中有着广泛的应用. 这几个定理的证明见参考书目, 这里证明从略.

定理 2.4(欧拉(Euler)定理) 设 $(a,m)=1$, 则 $a^{\varphi(m)}\equiv 1(\bmod m)$, 这里 $m\in\mathbf{N}^*$, $a\in\mathbf{Z}$.

定理 2.5(费马(Fermat)小定理) 设 p 为质数, $a\in\mathbf{Z}$, 则 $a^p\equiv a(\bmod p)$.

定理 2.6(威尔逊(Wilson)定理) 设 p 为质数, $r_1,r_2,\cdots,r_{p-1}$ 是模 p 的简化剩余系, 则有 $r_1 r_2 \cdots r_{p-1}\equiv -1(\bmod p)$, 特别地有 $(p-1)!\equiv -1(\bmod p)$.

例 2.11 设 $p\geq 3$ 是质数, $r_0,r_1,\cdots,r_{p-1}$ 及 $r_0',r_1',\cdots,r_{p-1}'$ 是模 p 的两组完全剩余系. 证明 $r_0 r_0', r_1 r_1', \cdots, r_{p-1}r_{p-1}'$ 一定不是模 p 的完全剩余系.

证明 用反证法, 假设 $r_0 r_0', r_1 r_1', \cdots, r_{p-1}r_{p-1}'$ 是模 p 的完全剩余系, 那么其中有且仅有一个数能被 p 整除, 不妨设 $p\mid r_0 r_0'$, $p\nmid r_j r_j'$, $1\leq j\leq p-1$, 因此必有 $p\mid r_0$, $p\mid r_0'$, $p\nmid r_j$, $p\nmid r_j'$, $1\leq j\leq p-1$, 所以就可得到 $r_1,\cdots,r_{p-1}$ 及 $r_1',\cdots,r_{p-1}'$ 都是模 p 的简化剩余系, 且 $r_1 r_1',\cdots,r_{p-1}r_{p-1}'$ 也是模 p 的简化剩余系, 然而这是不可能的. 因为由威尔逊定理知道, $r_1 r_2\cdots r_{p-1}\equiv -1(\bmod p)$, $r_1' r_2'\cdots r_{p-1}'\equiv -1(\bmod p)$, 同时还有 $(r_1 r_1')\cdots(r_{p-1}r_{p-1}')\equiv -1(\bmod p)$, 而前两个同余式左右两端相乘就得到 $(r_1 r_1')\cdots(r_{p-1}r_{p-1}')\equiv 1(\bmod p)$, 因而有 $1\equiv -1(\bmod p)$, 但由于 $p\geq 3$, 这是不可能的, 因此题设结论成立, 证毕.

例 2.12 设 $p\geq 3$ 是质数, 证明 $1^2\cdot 3^2\cdot\cdots\cdot(p-2)^2\equiv(-1)^{(p+1)/2}(\bmod p)$.

证明 因为 $p\geq 3$ 是质数, $(p-1)!=(1\cdot(p-1))(3\cdot(p-3))\cdots((p-4)(p-(p-4)))((p-2)(p-(p-2)))\equiv(-1)^{\frac{p-1}{2}}\cdot$

$1^2 \cdot 3^2 \cdot \cdots \cdot (p-2)^2 \pmod{p}$,再由威尔逊定理即可得到 $1^2 \cdot 3^2 \cdot \cdots \cdot (p-2)^2 \equiv (-1)^{\frac{p-1}{2}} \pmod{p}$,证毕.

例 2.13 设 p 是一个大于 3 的质数,证明存在 $a \in \{1, 2, \cdots, p-2\}$,使得 $a^{p-1}-1$ 与 $(a+1)^{p-1}-1$ 都不是 p^2 的倍数.

证明 由费马小定理知道,所给的两个数都是 p 的倍数,记 $S=\{1,2,\cdots,p-1\}$,$A=\{a \mid a \in S \text{ 且 } a^{p-1} \not\equiv 1 \pmod{p^2}\}$. 先证明对任意 $a \in S$,数 a 与 $p-a$ 至多有一个不属于 A. 事实上由二项式定理展开可知

$$(p-a)^{p-1} - a^{p-1} = p^{p-1} - C_{p-1}^1 p^{p-2} a + \cdots - C_{p-1}^{p-2} p a^{p-2}$$
$$\equiv -(p-1) p a^{p-2} \equiv p a^{p-2} \not\equiv 0 \pmod{p^2}.$$

所以,a 与 $p-a$ 至多有一个不属于 A,于是 $|A| \geq \frac{p-1}{2}$. 接下来再假设若不存在符合条件的 a,则下面的数对 $(2,3),(4,5),\cdots,(2k-2, 2k-1)$ 中各至多有一个数属于 A,这里 $k=\frac{p-1}{2} \geq 2$. 结合前面所证及 $1 \notin A$,可知以上数对中各至少有一个数属于 A,因此这些数对中每一个数对里恰有一个数属于 A. 下面就以数对 $(2k-2, 2k-1)$ 为例来讨论.

(1)若 $2k-1=p-2 \in A$,而 $1 \notin A$,可得到 $p-1 \in A$,因此取 $a=p-2$ 即符合要求,导致矛盾.

(2)若 $2k-1 \notin A$,则 $2k-2=p-3 \in A$,这时若 $2k-3 \in A$,即 $p-4 \in A$,可取 $a=p-4$ 既符合要求,又导致矛盾,故 $p-4 \notin A$.

现在 $p-2$ 与 $p-4$ 都不属于 A,从而有

$$1 \equiv (p-2)^{p-1} \equiv -C_{p-1}^{p-2} \cdot p \cdot 2^{p-2} + 2^{p-1}$$
$$\equiv 2^{p-1} + p \cdot 2^{p-2} \pmod{p^2},$$
$$1 \equiv (p-4)^{p-1} \equiv -C_{p-1}^{p-2} \cdot p \cdot 4^{p-2} + 4^{p-1}$$
$$\equiv 4^{p-1} + p \cdot 4^{p-2} \pmod{p^2}.$$

以上两同余式中前一个同余式的平方减去后一个同余式得到 $(2^{p-1}+p \cdot 2^{p-2})^2 - (4^{p-1}+p \cdot 4^{p-2}) \equiv 0 \pmod{p^2}$. 这就导致 $3 \cdot p \cdot 4^{p-2} \equiv 0 \pmod{p^2}$,这在 $p \geq 5$ 时不成立. 综上所述,满足条件的 a 存在,证毕.

例 2.14 证明下列结论:

(1)存在无数多对正整数 (n,k),使得 $n,k \geq 2$,$n \neq k$,且 $(n!+1, k!+1)>1$.

(2)存在无数多对正整数 (n,k),使得 $n,k \geq 2$,$n \neq k$,且 $(n!-1, k!-1)>1$.

证明 (1) 取 $k \in \mathbf{N}^*$,使得 $k!+1$ 为合数(这样的 k 有无数多个),再取 $k!+1$ 的一个质因子 p,则 $p \neq k+1$,由威尔逊定理可知 $(p-1)!+1 \equiv 0 \pmod{p}$,于是 $(k!+1, (p-1)!+1) \geq p > 1$,从而 $(n, k) = (p-1, k)$ 符合要求.

(2) 对大于 3 的偶数 k,我们有 $k!-1 > 1$,且 $k+2$ 为合数. 取 $k!-1$ 的质因子 p,由威尔逊定理可知 $(p-1)! \equiv -1 \pmod{p}$,故 $(p-2)! \equiv 1 \pmod{p}$,由于 $k+2$ 为合数,因而 $p-2 \neq k$,此时 $(k!-1, (p-2)!-1) \geq p > 1$,所以 $(n, k) = (p-2, k)$ 符合要求.

例 2.15 设 n 是大于 4 的整数,证明下面两个命题等价:

(1) n 与 $n+1$ 都是合数,

(2) 与数 $\dfrac{(n-1)!}{n(n+1)}$ 最接近的整数是偶数.

证明 先证明一个引理:设 m 是一个大于 4 的合数,则 $m \mid (m-2)!$,且 $\dfrac{(m-2)!}{m}$ 为偶数.

事实上若有 $m = pq$,$1 < p < q$,则 $q \leq \dfrac{m}{2} \leq m-2$,从而 p, q 都在 $1, 2, \cdots, m-2$ 中出现,故 $m \mid (m-2)!$,否则由 m 为合数可知 $m = p^2$,p 为不小于 3 的质数,这时 $2p \leq \dfrac{2}{3}m \leq m-2$,故 p 与 $2p$ 都在 $1, 2, \cdots, m-2$ 中出现,从而 $m \mid (m-2)!$. 注意到,当合数 $m > 6$ 时,在数集 $\{1, 2, \cdots, m-2\}$ 中,至少有 3 个偶数,对比上述两种情况可知,$\dfrac{(m-2)!}{m}$ 为偶数;而 $m = 6$ 时,$\dfrac{4!}{6} = 4$ 也是偶数. 引理得证.

先证"(2) $\Rightarrow$ (1)". 用反证法,若"(2) $\Rightarrow$ (1)"不成立,则 n 与 $n+1$ 中至少有一个为质数. 如果 n 是质数,那么由威尔逊定理可知 $(n-1)! \equiv -1 \pmod{n}$. 因为 $n > 4$,可知 $n+1$ 为合数,由上面的引理知 $(n+1) \mid (n-1)!$. 于是 $n \mid ((n-1)!+1+n)$,$(n+1) \mid ((n-1)!+(n+1))$,这就表明 $\dfrac{(n-1)!+n+1}{n(n+1)} \in \mathbf{N}^*$,而 $\dfrac{n+1}{n(n+1)} = \dfrac{1}{n} < \dfrac{1}{4}$,故与 $\dfrac{(n-1)!}{n(n+1)}$ 最接近的正整数就是 $N = \dfrac{(n-1)!+n+1}{n(n+1)}$,再由引理知 $\dfrac{(n-1)!}{n+1}$ 是偶数,因此 $\dfrac{(n-1)!+n+1}{n+1} = \dfrac{(n-1)!}{n+1} + 1$ 是奇数,即 nN 是奇数,由此推出 N 是奇数,导出矛盾.

如果 $n+1$ 是质数,那么 n 为合数,同上证明可得与 $\dfrac{(n-1)!}{n(n+1)}$ 最接近的整数就是 $N=\dfrac{(n-1)!+n}{n(n+1)}$,这时,$(n+1)N=\dfrac{(n-1)!}{n}+1$ 是奇数,因而 N 是奇数,导致矛盾. 故"(2)$\Rightarrow$(1)"成立.

再证"(1)$\Rightarrow$(2)". 当 n 与 $n+1$ 都是合数时,由引理可知 $\dfrac{(n-1)!}{n}$ 与 $\dfrac{(n-1)!}{n+1}$ 都为偶数,结合 n 与 $n+1$ 具有不同的奇偶性及 $(n,n+1)=1$,可知 $\dfrac{(n-1)!}{n(n+1)}$ 为偶数. 证毕.

例 2.16 证明任意一个由 18 个连续正整数组成的集合不能划分成这样两个子集合,使得这两个子集合中各数的乘积相等.

证明 设存在一个集合 $A=\{a+1,a+2,\cdots,a+18\}$(这里 $a\in\mathbf{N}$),可以划分成两个子集 B 和 C,$B\cap C=\varnothing$,$B\cup C=A$,使得 B,C 中各数的乘积 $\pi(B)$ 与 $\pi(C)$ 相等. 若 A 中有 19 的倍数(且至多只能含有一个 19 的倍数),则 A 显然不可能分成两个满足条件的子集合 B 和 C,使得 B,C 中各数的乘积 $\pi(B)$ 与 $\pi(C)$ 相等. 由上述讨论可知,$\pi(A)=\prod_{k=1}^{18}(a+k)\equiv 18!\equiv-1(\bmod 19)$. 结合 $\pi(B)=\pi(C)$ 及 $\pi(A)=\pi(B)\pi(C)$,令 $\pi(B)=x$,即 $x^2\equiv-1(\bmod 19)$,但由欧拉判别条件(见 2.7.1 小节定理 2.14)知以上同余式无解,导致矛盾,故命题成立. 证毕.

例 2.17 证明不存在非负整数 k 和 m,使得 $k!+48=48(k+1)^m$.

证明 显然,当 $k=0$ 或 $m=0$ 时,不存在满足条件的数对 (k,m). 因此若存在满足条件的非负整数 k 和 m,则 k,m 都是正整数. 下面分 $k+1$ 为合数与质数两种情况来讨论.

(1) $k+1$ 为合数时,可设 $k+1=pq$,$2\leqslant p\leqslant q$. 由题设条件知 $48\mid k!$,故 $k\geqslant 6$,进而 $q\geqslant 3$,故 $1<2p\leqslant k$,$1<q\leqslant k$. 考虑到 q 不能同时等于 p 和 $2p$,而 p,$2p$,q 都在 $1,2,\cdots,k$ 中出现,所以 $pq\mid k!$,即 $(k+1)\mid k!$. 结合题设条件知 $(k+1)\mid 48$,而 $k+1\geqslant 7$,故 $k+1=8$,12,24 或 48,对比题设条件等式两边的奇偶性导致矛盾.

(2) $k+1$ 为质数时,由威尔逊定理可知 $k!\equiv-1(\bmod k+1)$,从而题设条件知 $(k+1)\mid 47$,得 $k+1=47$,这就要求 $46!+48=48\times 47^m$,将上式两边除以 48 后得 $\dfrac{46!}{48}+1=47^m$,再两边取模 4,有 $1\equiv(-1)^m(\bmod 4)$,所以 m 必为偶数. 设 $m=2n$,则有 $\dfrac{46!}{48}=(47^n-1)(47^n+1)$. 由于 $23^2\mid\dfrac{46!}{48}$,而 $47^n+1\equiv 2(\bmod 23)$,因而有

$47^n \equiv 1 \pmod{23^2}$. 结合二项式定理知 $47^n = (2\times 23+1)^n \equiv 2n\times 23 + 1 \pmod{23^2}$，从而 $23 \mid n$，这将导致 $m \geq 46$，等式 $46!+48 = 48\times 47^m$ 也将不成立，矛盾. 综上所述，不存在满足题设条件的非负整数 k 和 m. 证毕.

下面介绍欧拉定理与费马小定理在循环小数中的一个应用定理.

定义 2.7 如果对于一个无限小数 $0.a_1a_2\cdots a_n\cdots$，（a_n 是 0，$1,\cdots,9$ 之中的一个数码，并且从任何一位以后不全是 0）能找到两个整数 $s \geq 0$，$t > 0$ 使得

$$a_{s+i} = a_{s+kt+i}, \quad i=1,2,\cdots,t, k=0,1,2,\cdots$$

我们就称这个无限小数为循环小数，并简单地把它记作 $0.a_1a_2\cdots a_s\dot{a}_{s+1}\cdots\dot{a}_{s+t}$. 对于循环小数来说，具有上述性质的 s 和 t 并不是唯一的. 若能找到最小的 t，我们就称 $a_{s+1}a_{s+2}\cdots a_{s+t}$ 为循环节，称 t 为循环节的长度. 若最小的 $s=0$，该小数就称为纯循环小数. 若最小的 $s\neq 0$，该小数就称为混循环小数.

定理 2.7 有理数 $\dfrac{a}{b}$，$(0<a<b,(a,b)=1)$ 能表成纯循环小数的充分必要条件是 $(b,10)=1$.

证明 设 $\dfrac{a}{b}$ 能表成纯循环小数，则由 $0 < \dfrac{a}{b} < 1$ 及以上定义知

$$\frac{a}{b}=0.a_1a_2\cdots a_t a_1 a_2 \cdots a_t \cdots.$$

因而有 $10^t \dfrac{a}{b} = 10^{t-1}a_1 + 10^{t-2}a_2 + \cdots + 10 a_{t-1} + a_t + 0.a_1 a_2 \cdots a_t \cdots = q + \dfrac{a}{b}$，$q>0$，从而得到 $\dfrac{a}{b} = \dfrac{q}{10^t-1}$，即 $a(10^t-1)=bq$，由 $(a,b)=1$ 得 $b\mid (10^t-1)$，即 $(b,10)=1$.

反之若 $(b,10)=1$，由欧拉定理知有一正整数 t 使得 $10^t \equiv 1 \pmod{b}$，$0<t\leq \varphi(b)$ 成立，因此 $10^t a = bq + a$，且 $0<q<10^t \dfrac{a}{b} \leq 10^t\left(1-\dfrac{1}{b}\right) < 10^t - 1$，故 $10^t \dfrac{a}{b} = q + \dfrac{a}{b}$，令 $q=10q_1+a_t$，$q_1 = 10 q_2 + a_{t-1}, \cdots, q_{t-1} = 10 q_t + a_1$，$0 \leq a_i \leq 9$.

则 $q = 10^t q_t + 10^{t-1}a_1 + \cdots + 10 a_{t-1} + a_t$，由 $0<q<10^t-1$，即得 $q_t = 0$，且 $a_1, a_2, \cdots, a_t$ 不全是 9，也不全为零. 因此 $\dfrac{q}{10^t} = 0.a_1 a_2 \cdots a_t$，$\dfrac{a}{b} = 0$.

$$a_1 a_2 \cdots a_t + \frac{1}{10^t} \cdot \frac{a}{b},$$ 反复应用上式即得到

$$\frac{a}{b} = 0.a_1 a_2 \cdots a_t a_1 a_2 \cdots a_t \cdots = 0.\dot{a}_1 \cdots \dot{a}_t.$$

由定理证明可知使得欧拉定理成立的那个最小正整数 t 就是纯循环小数的循环节长度.

2.5 同余式的概念及同余式的解

定义 2.8 若用 $f(x)$ 表示多项式 $a_n x^n + a_{n-1} x^{n-1} + \cdots + a_0$, 其中 $a_i (i = 0, 1, \cdots, n)$ 是整数, 又设 m 是一个正整数, 则

$$f(x) \equiv 0 (\mathrm{mod}\ m). \quad (2.1)$$

叫做模 m 的同余式. 若 $a_n \not\equiv 0 (\mathrm{mod}\ m)$, 则 n 叫做式(2.1)的次数.

由同余性质知道, 若 $f(a) \equiv 0 (\mathrm{mod}\ m)$, 则剩余类 K_a 中任何整数 a' 都能使 $f(a') \equiv 0 (\mathrm{mod}\ m)$ 成立, 于是就有以下同余式解的定义.

定义 2.9 若 a 是使 $f(a) \equiv 0 (\mathrm{mod}\ m)$ 成立的一个整数, 则 $x \equiv a (\mathrm{mod}\ m)$ 叫做式(2.1)的一个解. 由同余理论知道, 我们把适合式(2.1)而对模 m 相互同余的一切数算作式(2.1)的一个解.

2.5.1 一次同余式的解法

定理 2.8 一次同余式

$$ax \equiv c (\mathrm{mod}\ m)\ (a \not\equiv 0(\mathrm{mod}\ m)) \quad (2.2)$$

有解的充要条件是 $(a, m) | c$, 若式(2.2)有解, 则式(2.2)的解数(对模 m 来说)是 $d = (a, m)$.

证明 由同余的性质知道, 同余式(2.2)等价于 $ax - c = my$, 即式(2.2)有解的充要条件是不定方程 $ax - my = c$ 有解. 若该不定方程有一整数解 x_0, y_0, 则 $ax_0 - my_0 = c$. 由第 1 章整数的整除理论知道 $(a, m) | c$, 定理的必要性得证.

反之, 若 $(a, m) | c$, 设 $c = c'(a, m)$, 再由第 1 章最大公因数性质知道, 存在两个整数 s, t, 使得 $as + mt = (a, m)$, 即 $asc' + mtc' = c'(a, m) = c$, 令 $sc' = x_0$, $tc' = y_0$, 即不定方程 $ax - my = c$ 有解

x_0, y_0, 因此同余式(2.2)有解.

若 $d=(a,m)$, 不定方程 $ax-my=c$ 有一解 x_0, y_0, 则该不定方程的一切解可表示成 $x=x_0+\dfrac{m}{d}t$, $y=y_0+\dfrac{a}{d}t$, $t=0,\pm1,\pm2,\cdots$, 此不定方程的 x 解对于模 m 来说可以写成 $x\equiv x_0+\dfrac{m}{d}t(\bmod\ m)$, 当 t 取值 $0,1,\cdots,d-1$ 时, 得到的 d 个 x 值是两两不同余的, 故同余式(2.2)的解数是 d. 有关不定方程的解法可参考第 4 章.

下面介绍一次同余式的几种解法. 以下均假设同余式有解.

1. 代入试解法.

一次同余式(2.2)如果有解, 那么在模 m 的最小非负完全剩余系里一定可以找到该同余式的解. 于是可将 $0,1,\cdots,m-1$ 分别代入同余式中进行验证, 最终就能找出它的解. 此方法对于解模 m 较小的一次同余式还是很有效的, 但对于模 m 很大的同余式此方法就不适用了.

2. 消去 x 的系数解同余式.

在一次同余式(2.2)中, 若满足条件 $a\mid c$, 且 $(a,m)=1$, 则可解出 $x\equiv\dfrac{c}{a}(\bmod\ m)$, 因此将 x 的系数 a 消去是解一次同余式的最简洁方法. 如果在同余式(2.2)中 $a\nmid c$, 但能找到 b 使得 $c\equiv b(\bmod\ m)$ 且 $a\mid b$, 则根据同余的传递性质有 $ax\equiv c\equiv b(\bmod\ m)$, 这样可解出 $x\equiv\dfrac{b}{a}(\bmod\ m)$. 或者找到 b 使得 $ax\equiv c\equiv b(\bmod\ m)$, 且 a, b 有公因数 d, $(d,m)=1$, 则由 2.2 节同余的性质 6 可将同余式(2.2)化简为 $\dfrac{a}{d}x\equiv\dfrac{b}{d}(\bmod\ m)$, 按照此方法逐次将 x 的系数化小直到消去. 如何找到上面所说的 b, 需要观察和验算, 多做些题目便会熟能生巧, 从中找出一些规律. 对于系数较大、较复杂的同余式, 不容易找出满足上述条件的 b, 需要用其他方法消去 x 的系数.

例 2.18 解同余式 $3x\equiv1(\bmod\ 17)$.

解 因为 $(3,17)=1$, 同余式有一个解. 由 $3x\equiv1\equiv18(\bmod\ 17)$, 可以解出 $x\equiv6(\bmod\ 17)$.

例 2.19 解同余式 $1296x\equiv1125(\bmod\ 1935)$.

解 因为 $(1296,1935)=9$, $9\mid1125$, 此同余式有 9 个解. 原同余式可化简为 $144x\equiv125(\bmod\ 215)$, $144x\equiv125\equiv-90(\bmod\ 215)$, 144 与 -90 的公因数 18 与 215 互质, 可消去公因数 18, 同余式又可化简为 $8x\equiv-5\equiv210(\bmod\ 215)$, 8 与 210 的公因数 2 与 215 互

质，可消去公因数 2，同余式可进一步化简为 $4x \equiv 105 \equiv 320 (\bmod 215)$，320 是 4 的倍数，故 $x \equiv 80 (\bmod 215)$，这样就得到原同余式的 9 个解为 $x \equiv 80 + 215t (\bmod 215)$，$t = 0, 1, \cdots, 8$.

在消去 x 系数的过程中，也可以采用一种"分式形式"的方法. 即将式(2.2)的解写成 $x \equiv \dfrac{c}{a} (\bmod m)$ 的形式（注意，$x \equiv \dfrac{c}{a}$ 仅仅是一种写法形式，不能将其看作为分数）. 用与 a 或 c 同余的数来取代 a、c，再用与模 m 互质的数分别去乘 a、c，当出现与模互质的公因数时就消去. 其目的就是要将 a 转化成 1，此时同余式的解也就得到了.

例 2.20 解同余式 $8x \equiv 9 (\bmod 11)$.

解 $x \equiv \dfrac{9}{8} \equiv \dfrac{20}{8} \equiv \dfrac{5}{2} \equiv \dfrac{30}{12} \equiv \dfrac{8}{1} \equiv 8 (\bmod 11)$.

3. 利用辗转相除法消去 x 的系数.

对于系数较大、较复杂的同余式，可以采用辗转相除法（参看 1.2 节）来消去 x 的系数. 通过下面的例题可以了解到此方法的步骤.

例 2.21 解同余式 $1215x \equiv 560 (\bmod 2755)$.

解 因为 $(1215, 2755) = 5$，$5 | 560$，同余式有 5 个解. 原同余式可化简为 $243x \equiv 112 (\bmod 551)$，辗转相除：$551 = 243 \times 2 + 65$，$243 = 65 \times 3 + 48$，$65 = 48 \times 1 + 17$，$48 = 17 \times 2 + 14$，$17 = 14 \times 1 + 3$，$14 = 3 \times 4 + 2$，$3 = 2 \times 1 + 1$. 将上述过程反演得到 $1 = 3 - 2 = 3 - (14 - 3 \times 4) = 5 \times 3 - 14 = 5 \times (17 - 14 \times 1) - 14 = 5 \times 17 - 6 \times 14 = 5 \times 17 - 6 \times (48 - 17 \times 2) = 17 \times 17 - 6 \times 48 = 17 \times (65 - 48 \times 1) - 6 \times 48 = 17 \times 65 - 23 \times 48 = 17 \times 65 - 23 \times (243 - 65 \times 3) = -23 \times 243 + 86 \times 65 = -23 \times 243 + 86 \times (551 - 243 \times 2) = 86 \times 551 - 195 \times 243$，由 $1 = 86 \times 551 - 195 \times 243$ 可得到 $-195 \times 243 \equiv 1 (\bmod 551)$，由同余性质 5 有 $-195 \times 243 x \equiv -195 \times 112 \equiv 200 (\bmod 551)$，因为 $-195 \times 243 \equiv 1 (\bmod 551)$，所以 $x \equiv 200 (\bmod 551)$，同余式的 5 个解为

$$x \equiv 200 + 551t (\bmod 2755), \quad t = 0, 1, 2, 3, 4.$$

4. 当 $(a, m) = 1$ 时，可用 a 的逆元 a^{-1} 来消去 x 的系数 a.

定义 2.10 若 $m \geq 1$ 且 $(a, m) = 1$ 时，存在 a' 使得 $a'a \equiv 1 (\bmod m)$，我们称 a' 是 a 对模 m 的逆元，并记作 a^{-1}.

根据欧拉定理，当 $(a, m) = 1$ 时，$a^{\varphi(m)} \equiv 1 (\bmod m)$，其中 $\varphi(m)$ 是 m 的欧拉函数值. 因此 $a^{\varphi(m)-1} \cdot a \equiv 1 (\bmod m)$，$a$ 的逆元

为 $a^{-1}=a^{\varphi(m)-1}$. 用 a 的逆元 a^{-1} 消去 x 的系数 a, 就可以求出同余式(2.2)的解为 $x \equiv c \cdot a^{\varphi(m)-1} (\bmod\ m)$.

例 2.22 解同余式 $2x \equiv 7 (\bmod\ 13)$.

解 因为 $(2,13)=1$, 同余式有一个解 $x \equiv 7 \times 2^{\varphi(13)-1} \equiv 7 \times 2^{11} \equiv 10 (\bmod\ 13)$.

5. 利用不定方程求一次同余式的解.

由同余的性质知道, 一次同余式(2.2)有解的充分必要条件是不定方程

$$ax = my + c \tag{2.3}$$

有解. 因而可利用不定方程(2.3)来求一次同余式(2.2)的解. （可参看第 4 章不定方程的解法）.

6. 把同余式(2.2)转化为求解一个模更小的同余式.

取 $a_1 \equiv a (\bmod\ m)$, $c_1 \equiv c (\bmod\ m)$, 其中, $-\frac{m}{2} < a_1 \leq \frac{m}{2}$, $-\frac{m}{2} < c_1 \leq \frac{m}{2}$, 解同余式(2.2)可转化为解同余式

$$a_1 x \equiv c_1 (\bmod\ m). \tag{2.4}$$

解同余式(2.4)又与解不定方程 $a_1 x = my + c_1$ 等价, 解此不定方程又相当于解同余式

$$my \equiv -c_1 (\bmod\ |a_1|). \tag{2.5}$$

同余式(2.5)的模小于同余式(2.2)的模. 将这一步骤继续下去, 使问题归结为求解一个模很小且能直接求出其解的同余式. 再将以上步骤反演回去就可求出同余式的全部解.

例 2.23 解同余式 $256x \equiv 179 (\bmod\ 337)$.

解 因为 $(256, 337) = 1$, 同余式有一个解.

$256x \equiv 179 (\bmod\ 337) \Leftrightarrow -81x \equiv -158 (\bmod\ 337)$,
$337y \equiv 158 (\bmod\ 81) \Leftrightarrow 13y \equiv -4 (\bmod\ 81)$,
$81z \equiv 4 (\bmod\ 13) \Leftrightarrow 3z \equiv 4 (\bmod\ 13)$,
$13u \equiv -4 (\bmod\ 3) \Leftrightarrow u \equiv -1 (\bmod\ 3)$.

已经解出 $u = -1 + 3v$, 因只有一个解, 令 $v = 0$, $u = -1$. 将上述步骤反演回去得到 $3z = 4 + 13u = 4 - 13 = -9$, 解出 $z = -3$, 由 $13y = -4 + 81z = -247$, 可解出 $y = -19$, 由 $-81x = -158 + 337y = -6561$, 可解出 $x = 81$. 同余式的解为 $x \equiv 81 (\bmod\ 337)$.

7. 利用矩阵的初等变换求一次同余式的解.

下面将给出利用矩阵初等变换解一次同余式的方法, 该方法简单易于运算, 分为以下两种情形讨论：

情形 1: 在同余式 $ax \equiv c (\bmod\ m)$ 中, 若 $(a, m) = 1$, 则同余式

只有一个解，先作矩阵 $\begin{pmatrix} 1 & 0 & a \\ 0 & 1 & m \end{pmatrix}$，通过矩阵的行初等变换将其变为 $\begin{pmatrix} p_1 & q_1 & 1 \\ p_2 & q_2 & 0 \end{pmatrix}$ 或 $\begin{pmatrix} p_2 & q_2 & 0 \\ p_1 & q_1 & 1 \end{pmatrix}$，由于行初等变换不改变列向量的线性关系，因而有 $ap_1+mq_1=1$，即有 $ap_1\equiv 1(\bmod\ m)$，又由同余的性质 5 得 $a(cp_1)\equiv c(\bmod\ m)$。因为此同余式只有一个解，所以其解就是 $x\equiv cp_1(\bmod\ m)$。在实际解题时，只需将矩阵 $\begin{pmatrix} 1 & a \\ 0 & m \end{pmatrix}$ 经过行初等变换变为 $\begin{pmatrix} p_1 & 1 \\ p_2 & 0 \end{pmatrix}$ 或 $\begin{pmatrix} p_2 & 0 \\ p_1 & 1 \end{pmatrix}$，即可得到同余式的解 $x\equiv cp_1(\bmod\ m)$。

情形 2：在同余式 $ax\equiv c(\bmod\ m)$ 中，若 $(a,m)=d(d>1)$，$d\mid b$，则该同余式有 d 个解。先作矩阵 $\begin{pmatrix} 1 & a \\ 0 & m \end{pmatrix}$，将该矩阵通过行初等变换变为 $\begin{pmatrix} p & c \\ q & m' \end{pmatrix}$，就可求出原同余式的一个解为 $x\equiv p(\bmod\ m)$，同余式的所有解为 $x\equiv p+mt$，$t=0,1,2,\cdots,d-1$。

例 2.24 解同余式 $589x\equiv 1026(\bmod\ 817)$。

解 因为 $(589,817)=19$，$19\mid 1026$，故同余式有 19 个解。根据同余性质将该同余式化简为 $31x\equiv 11(\bmod\ 43)$，通过矩阵的行初等变换来求这个同余式的一个解，
$$\begin{pmatrix} 1 & 31 \\ 0 & 43 \end{pmatrix} \to \begin{pmatrix} 1 & 31 \\ -1 & 12 \end{pmatrix} \to \begin{pmatrix} 4 & -5 \\ -1 & 12 \end{pmatrix} \to \begin{pmatrix} 4 & -5 \\ 7 & 2 \end{pmatrix} \to \begin{pmatrix} 25 & 1 \\ 7 & 2 \end{pmatrix} \to \begin{pmatrix} 25 & 1 \\ -43 & 0 \end{pmatrix}.$$
同余式的一个解为 $x\equiv 25\times 11\equiv 17(\bmod\ 43)$，同余式的所有解 $x\equiv 17+43t(\bmod\ 817)$，$t=0,1,\cdots,18$。

8. 一类特殊同余式的解。

对于一次同余式 $ax\equiv c(\bmod\ p)$，若 p 为质数且 $(a,p)=1$，$0<a<p$，则由威尔逊定理知 $(p-1)!+1\equiv 0(\bmod\ p)$，可得到 $ax\equiv -c(p-1)!(\bmod\ p)$，此同余式的解就是
$$x\equiv (-1)^{a-1}c\frac{(p-1)\cdots(p-a+1)}{a!}(\bmod\ p).$$

例 2.25 解同余式 $5x\equiv 4(\bmod\ 19)$。

解 因为 $(5,19)=1$，该同余式有一个解，又因为 19 是质数，由上述解法得到同余式的解为 $x\equiv (-1)^{5-1}\times 4\frac{(19-1)(19-2)(19-3)(19-4)}{5!}\equiv 2448\equiv 16(\bmod\ 19)$。

2.5.2 中国剩余定理与一次同余式组的解法

定理 2.9（中国剩余定理） 设有一次同余式组
$$x \equiv b_1 (\bmod\ m_1), x \equiv b_2 (\bmod\ m_2), \cdots, x \equiv b_k (\bmod\ m_k), \quad (2.6)$$
其中 $m_1, m_2, \cdots, m_k$ 是两两互质的正整数. 其解为
$$x \equiv M_1 M_1' b_1 + M_2 M_2' b_2 + \cdots + M_K M_K' b_k (\bmod\ m).$$
这里 $m = m_1 m_2 \cdots m_k$, $m = m_i M_i$（即 $M_i = m_1 \cdots m_{i-1} m_{i+1} \cdots m_k$），$M_i$ 称为衍数，M_i' 由 $M_i M_i' \equiv 1 (\bmod\ m_i)$ 求出 $(i=1,2,\cdots,k)$，M_i' 称为乘率. 中国剩余定理也称为孙子定理.

例 2.26 解同余式组
$$x \equiv 1(\bmod\ 5), x \equiv 5(\bmod\ 6), x \equiv 4(\bmod\ 7), x \equiv 10(\bmod\ 11).$$

解 此时 $m = 5 \cdot 6 \cdot 7 \cdot 11 = 2310$，$M_1 = 6 \cdot 7 \cdot 11 = 462$，$M_2 = 5 \cdot 7 \cdot 11 = 385$，$M_3 = 5 \cdot 6 \cdot 11 = 330$，$M_4 = 5 \cdot 6 \cdot 7 = 210$，解 $M_i M_i' \equiv 1(\bmod\ m_i)$，$i = 1,2,3,4$，求出 $M_1' = 3$，$M_2' = 1$，$M_3' = 1$，$M_4' = 1$，则由孙子定理得到
$$x \equiv 462 \cdot 3 \cdot 1 + 385 \cdot 1 \cdot 5 + 330 \cdot 1 \cdot 4 + 210 \cdot 1 \cdot 10 = 6731$$
$$\equiv 2111(\bmod\ 2310).$$

2.6 高次同余式及质数模同余式的初步解法

目前还没有一个一般的方法去解高次同余式和质数模的同余式，下面的方法仅仅是先把合数模的同余式化成质数幂模的同余式，然后再讨论质数幂模的同余式的解法.

定理 2.10 若用 $f(x)$ 表示多项式 $a_n x^n + a_{n-1} x^{n-1} + \cdots + a_0$，其中 $a_i (i = 0, 1, \cdots, n)$ 是整数，若模 m 是 k 个两两互质的正整数的乘积，$m = m_1 m_2 \cdots m_k$，则定义 2.8 中的同余式
$$f(x) \equiv 0(\bmod\ m) \quad (2.1)$$
与同余式组
$$f(x) \equiv 0(\bmod\ m_i), i = 1, 2, \cdots, k \quad (2.7)$$
等价. 若用 T_i 表示 $f(x) \equiv 0(\bmod\ m_i)$，$(i = 1, 2, \cdots, k)$，对模 m_i 的解数，T 表示式(2.1)对模 m 的解数，则有 $T = T_1 T_2 \cdots T_k$.

证明 (1) 我们先证明式(2.1)与式(2.7)等价. 设 x_0 是适合式(2.1)的整数，则 $f(x_0) \equiv 0 (\bmod\ m)$，由 $m = m_1 m_2 \cdots m_k$ 及同余

的性质 9 得 $f(x_0) \equiv 0 (\bmod\ m_i)$，$i = 1, 2, \cdots, k$. 反之，若 x_0 满足式 (2.7)，则 $f(x_0) \equiv 0 (\bmod\ m_i)$，$i = 1, 2, \cdots, k$，由 $(m_i, m_j) = 1$，$(i \neq j)$ 及同余的性质 8 即得 $f(x_0) \equiv 0 (\bmod\ m_1 m_2 \cdots m_k)$，故式 (2.1) 与式 (2.7) 等价.

(2) 设 $f(x) \equiv 0 (\bmod\ m_i)$ 的 T_i 个不同解是 $x \equiv b_{it_i} (\bmod\ m_i)$，$t_i = 1, 2, \cdots, T_i$，则式 (2.7) 的解就是下列同余式的解

$$x \equiv b_{1t_1}(\bmod\ m_1),\ x \equiv b_{2t_2}(\bmod\ m_2), \cdots, x \equiv b_{kt_k}(\bmod\ m_k), \quad (2.8)$$

其中 $t_i = 1, 2, \cdots, T_i$，$i = 1, 2, \cdots, k$. 由 (1) 的证明知式 (2.1) 与式 (2.8) 有同解，又由孙子定理知式 (2.8) 中每一个同余式组对模 m_i 恰有一解，故式 (2.8) 有对模 m 的 $T_1 T_2 \cdots T_k$ 个解，且这 $T_1 T_2 \cdots T_k$ 个解对模 m 两两不同余，因此式 (2.1) 对模 m 的解数是 $T = T_1 T_2 \cdots T_k$.

例 2.27 解同余式 $f(x) \equiv 0 (\bmod\ 35)$，$f(x) = x^4 + 2x^3 + 8x + 9$.

解 由定理 2.10 知该同余式与同余式组 $f(x) \equiv 0 (\bmod\ 5)$，$f(x) \equiv 0 (\bmod\ 7)$ 等价，容易验证第一个同余式有两个解，即 $x \equiv 1, 4 (\bmod\ 5)$，第二个同余式有 3 个解，即 $x \equiv 3, 5, 6 (\bmod\ 7)$，故同余式有 6 个解，即同余式组

$$x \equiv b_1 (\bmod\ 5),\ x \equiv b_2 (\bmod\ 7),\ b_1 = 1, 4,\ b_2 = 3, 5, 6$$

的解. 由孙子定理得 $x \equiv 21 b_1 + 15 b_2 (\bmod\ 35)$，将 b_1，b_2 的值分别带入即得到该同余式的全部解：$x \equiv 31, 26, 6, 24, 19, 34 (\bmod\ 35)$.

对于同余式 (2.1) 来说，如果模 m 的标准分解式为 $m = p_1^{\alpha_1} p_2^{\alpha_2} \cdots p_k^{\alpha_k}$，那么解此同余式就不能用定理 2.10 去解了. 因为同余式 $f(x) \equiv 0 (\bmod\ p)$ 的解未必是 $f(x) \equiv 0 (\bmod\ p^\alpha)$ 的解. 需要用到下面的定理.

定理 2.11 若同余式 $f(x) \equiv 0 (\bmod\ p)$ 有解 $x \equiv x_1 (\bmod\ p)$，即

$$x = x_1 + p t_1,\ t_1 = 0, \pm 1, \pm 2 \cdots,$$

并且 $p \nmid f'(x_1)$. 这里 $f'(x)$ 是 $f(x)$ 的导函数，则对同余式 $f(x) \equiv 0 (\bmod\ p^\alpha)$ 来说，可求出其解 $x = x_\alpha + p^\alpha t_\alpha$，$t_\alpha = 0, \pm 1, \pm 2, \cdots$，即 $x \equiv x_\alpha (\bmod\ p^\alpha)$，其中 $x_\alpha \equiv x_1 (\bmod\ p)$.

该定理也给出了此类同余式的一个解法，用下面的例题来详细说明此定理.

例 2.28 解同余式 $f(x) = 23 x^4 + 51 x^3 + 48 x + 133 \equiv 0 (\bmod\ 675)$.

解 模 $675 = 3^3 \times 5^2$，原同余式等价于

$$f(x) \equiv 0 (\bmod\ 3^3), \qquad ①$$

$$f(x) \equiv 0 (\bmod\ 5^2), \qquad ②$$

解同余式①，先求出 $f(x)\equiv 0(\mathrm{mod}\ 3)$ 的解 $x\equiv 1,2(\mathrm{mod}\ 3)$，因为 $3\nmid f'(1)$，$3\nmid f'(2)$，将 $x=1+3t_1$ 代入到 $f(x)\equiv 0(\mathrm{mod}\ 3^2)$ 中，用泰勒展开式得 $f(1)+3t_1 f'(1)\equiv 0(\mathrm{mod}\ 3^2)$，即 $255+3t_1\times 293\equiv 0(\mathrm{mod}\ 3^2)$，化简得 $1+5t_1\equiv 0(\mathrm{mod}\ 3)$，解出 $t_1\equiv 1(\mathrm{mod}\ 3)$，即 $t_1=1+3t_2$，代入到 $x=1+3t_1=1+3(1+3t_2)=4+9t_2$，再将 $x=4+9t_2$ 代入到 $f(x)\equiv 0(\mathrm{mod}\ 3^3)$ 中，并用泰勒展开式得到 $f(4)+9t_2 f'(4)\equiv 0(\mathrm{mod}\ 3^3)$，即 $9477+9t_2\times 8384\equiv 0(\mathrm{mod}\ 3^3)$，化简得 $0+14t_2\equiv 0(\mathrm{mod}\ 3)$，解出 $t_2=3t_3$，代入到 $x=4+9t_2=4+9\times 3t_3=4+27t_3$，显然 $x\equiv 4(\mathrm{mod}\ 27)$，即 4 是 $f(x)\equiv 0(\mathrm{mod}\ 3^3)$ 的一个解．同理，将 $x=2+3t_4$ 代入到 $f(x)\equiv 0(\mathrm{mod}\ 3^2)$ 中，并用泰勒展开式得到 $f(2)+3t_4 f'(2)\equiv 0(\mathrm{mod}\ 3^2)$，即 $1005+3t_4\times 1396\equiv 0(\mathrm{mod}\ 3^2)$，化简得到 $2+t_4\equiv 0(\mathrm{mod}\ 3)$，解出 $t_4\equiv 1(\mathrm{mod}\ 3)$，即 $t_4=1+3t_5$，代入到 $x=2+3t_4=2+3(1+3t_5)=5+9t_5$，再将 $x=5+9t_5$ 代入到 $f(x)\equiv 0(\mathrm{mod}\ 3^3)$ 中，并用泰勒展开式得 $f(5)+9t_5 f'(5)\equiv 0(\mathrm{mod}\ 3^3)$，即 $21123+9t_5\times 15373\equiv 0(\mathrm{mod}\ 3^3)$，化简得 $1+10t_5\equiv 0(\mathrm{mod}\ 3)$，解出 $t_5\equiv 2(\mathrm{mod}\ 3)$，即 $t_5=2+3t_6$，代入到 $x=5+9t_5=5+9(2+3t_6)=23+27t_6$，显然 $x\equiv 23(\mathrm{mod}\ 27)$，即 23 是 $f(x)\equiv 0(\mathrm{mod}\ 3^3)$ 的另一个解．至此，求出同余式①的解为 $x\equiv 4,23(\mathrm{mod}\ 3^3)$．

解同余式②，先求出 $f(x)\equiv 0(\mathrm{mod}\ 5)$ 的解 $x\equiv 1,2(\mathrm{mod}\ 5)$，因为 $5\nmid f'(1)$，$5\nmid f'(2)$，将 $x=1+5t_7$ 带入到 $f(x)\equiv 0(\mathrm{mod}\ 5^2)$ 中，用泰勒展开式得 $f(1)+5t_7 f'(1)\equiv 0(\mathrm{mod}\ 5^2)$，即 $255+5t_7\times 293\equiv 0(\mathrm{mod}\ 5^2)$，化简得 $1+18t_7\equiv 0(\mathrm{mod}\ 5)$，解出 $t_7\equiv 3(\mathrm{mod}\ 5)$，即 $t_7=3+5t_8$，代入 $x=1+5t_7=1+5(3+5t_8)=16+25t_8$，显然 $x\equiv 16(\mathrm{mod}\ 25)$，即 16 是 $f(x)\equiv 0(\mathrm{mod}\ 5^2)$ 的一个解．同理，将 $x=2+5t_9$ 带入到 $f(x)\equiv 0(\mathrm{mod}\ 5^2)$ 中，并用泰勒展开式得到 $f(2)+5t_9 f'(2)\equiv 0(\mathrm{mod}\ 5^2)$，即 $1005+5t_9\times 1396\equiv 0(\mathrm{mod}\ 5^2)$，化简得 $1+21t_9\equiv 0(\mathrm{mod}\ 5)$，解出 $t_9\equiv 4(\mathrm{mod}\ 5)$，即 $t_9=4+5t_{10}$，代入 $x=2+5t_9=2+5(4+5t_{10})=22+25t_{10}$，显然 $x\equiv 22(\mathrm{mod}\ 25)$，即 22 是 $f(x)\equiv 0(\mathrm{mod}\ 5^2)$ 的另一个解．至此求出②的解为 $x\equiv 16,22(\mathrm{mod}\ 5^2)$．

用中国剩余定理求解同余式组 $x\equiv 4,23(\mathrm{mod}\ 27)$，$x\equiv 16,22(\mathrm{mod}\ 25)$，其中 $M_1=25$，$M_2=27$，由 $25M_1'\equiv 1(\mathrm{mod}\ 27)$ 可解出 $M_1'=13$，由 $27M_2'\equiv 1(\mathrm{mod}\ 25)$ 可解出 $M_2'=-12$，因而 $x=25\times 13b_1-27\times 12b_2$，将 $b_1=4,23$，$b_2=16,22$ 分别代入得到 $x\equiv 166,247,266,347(\mathrm{mod}\ 675)$ 是同余式的最终解．

以上我们把解高次同余式归结到了解质数模的高次同余式，由于还没有解质数模的同余式的一般方法，只能就质数模同余式

的次数与解数的关系做初步讨论. 我们考虑质数模的同余式

$$f(x) \equiv 0 \pmod{p}, \quad f(x) = a_n x^n + a_{n-1} x^{n-1} + \cdots + a_0. \tag{2.9}$$

其中 p 是质数,且 $a_n \not\equiv 0 \pmod{p}$.

首先介绍一个重要的定理:拉格朗日(Lagrange)定理.

> **定理 2.12**(拉格朗日(Lagrange)定理) 设 p 为质数,则同余式(2.9)至多有 n 个不同的解.
>
> 下面给出几个应用拉格朗日定理的例子.

例 2.29 设 $p > 3$ 是质数,且 $1 + \dfrac{1}{2} + \cdots + \dfrac{1}{p} = \dfrac{r}{ps}$,其中 r, $s \in \mathbf{N}^*$, $(r,s) = 1$,证明 $p^3 \mid (r-s)$.

证明 考察多项式 $f(x) = (x-1)(x-2) \cdots (x-(p-1)) - (x^{p-1} - 1)$.

设 $\qquad f(x) = \alpha_{p-2} x^{p-2} + \alpha_{p-3} x^{p-3} + \cdots + \alpha_1 x + \alpha_0.$

利用拉格朗日定理可知 $\alpha_{p-2} \equiv \alpha_{p-3} \equiv \cdots \alpha_0 \equiv 0 \pmod{p}$,进一步由多项式 $f(x)$ 可得到 $f(p) = (p-1)! - p^{p-1} + 1 = \alpha_0 - p^{p-1}$.

从而有 $\qquad \alpha_{p-2} p^{p-2} + \alpha_{p-3} p^{p-3} + \cdots + \alpha_1 p + \alpha_0 = \alpha_0 - p^{p-1}.$

所以 $\qquad \alpha_{p-2} p^{p-2} + \alpha_{p-3} p^{p-3} + \cdots + \alpha_1 p = -p^{p-1} \equiv 0 \pmod{p^3}.$

这里用到 $p > 3$,这就要求 $\alpha_1 \equiv 0 \pmod{p^2}$(因为 $\alpha_{p-2} \equiv \alpha_{p-3} \equiv \cdots \equiv \alpha_2 \equiv 0 \pmod{p}$,故 $\alpha_{p-2} p^{p-2}, \alpha_{p-3} p^{p-3}, \cdots, \alpha_2 p^2$ 都是 p^3 的倍数,因此 $p^3 \mid \alpha_1 p$),也就是说有

$$-((p-1)!) \sum_{k=1}^{p-1} \frac{1}{k} \equiv 0 \pmod{p^2}.$$

由已知条件 $1 + \dfrac{1}{2} + \cdots + \dfrac{1}{p} = \dfrac{r}{ps}$,有 $(p-1)! \left(\dfrac{r}{ps} - \dfrac{1}{p} \right) \equiv 0 \pmod{p^2}$,因此 $p^3 \mid (r-s)$. 证毕.

例 2.30 求所有的正整数数对 (m, n),$m, n \geq 2$,使得对任意 $a \in \{1, 2, \cdots, n\}$,都有 $a^n \equiv 1 \pmod{m}$.

证明 当 m 为奇质数,$n = m - 1$ 时,由费马小定理知,数对 (m, n) 符合题目要求. 反之是否成立呢?现设 (m, n) 是符合题设要求的正整数数对,并设 p 是 m 的一个质因子,则有 $p > n$(否则,若 $p \leq n$,取 $a = p$,则 $m \mid (a^n - 1)$,但 $p \nmid (p^n - 1)$,导致矛盾).

下面考察多项式 $f(x) = (x-1)(x-2) \cdots (x-n) - (x^n - 1)$,由于 $p > n$ 以及 $a \in \{1, 2, \cdots, n\}$ 时都有 $m \mid (a^n - 1)$(这时当然有 $p \mid (a^n - 1)$),可知 $f(x) \equiv 0 \pmod{p}$ 有 n 个不同的解,但 $f(x)$ 是一个 $n-1$ 次多项式,故由拉格朗日定理知 $f(x)$ 在模 p 意义下是零多项式,即 $f(x)$ 的每一个系数都是 p 的倍数. 特别地,$f(x)$ 的 x 项系数是 p 的倍

数，即 $p\mid(1+2+\cdots+n)$，从而 $p\mid n(n+1)$. 再由 $p>n$ 知 $p=n+1$.

上述讨论表明，$(m,n)=(p^\alpha,p-1)$，其中 p 为奇质数，$\alpha\in\mathbf{N}^*$. 若 $\alpha>1$，由条件知 $p^\alpha\mid((p-1)^{p-1}-1)$，故 $(p-1)^{p-1}\equiv 1(\bmod\ p^2)$，利用二项式定理展开得

$$1\equiv(p-1)^{p-1}\equiv C_{p-1}^1 p(-1)^{p-2}+1\equiv 1-p(p-1)\equiv 1+p(\bmod\ p^2).$$

导致矛盾，故 $\alpha=1$. 综上所述，满足条件的 $(m,n)=(p,p-1)$，p 为任意奇质数，证毕.

例 2.31 证明不存在 $m,n\in\mathbf{N}^*$，使得 $m^3+n^4=19^{19}$.

证明 用反证法，若存在满足等式的 m,n，则对任意正整数 k，等式 $m^3+n^4=19^{19}$ 两边对模 k 同余，特别地，对模 13 也应成立. 有费马小定理知，对任意 $x\in\mathbf{N}^*$，都有 $x^{12}\equiv 0$ 或 $1(\bmod\ 13)$，我们现来求 x^3 和 x^4 对模 13 所得余数的可能情况.

由拉格朗日定理知，同余式 $y^4\equiv 1(\bmod\ 13)$ 至多有 4 个不同的解，而 $y\equiv\pm 1,\pm 5(\bmod\ 13)$ 都是该同余式的解，因此对任意 $x\in\mathbf{N}^*$，可以得到 $x^3\equiv 0,\pm 1,\pm 5(\bmod\ 13)$.

同理可得 $x^4\equiv 0,1,-3$ 或 $-4(\bmod\ 13)$，利用上述结论可知

$$m^3+n^4\equiv 0,\pm 1,\pm 5,-3,-4,\pm 2 \text{ 或 } -9(\bmod\ 13).$$

即 m^3+n^4 对于模 13 属于集合 $\{0,1,2,4,5,8,9,10,11,12\}$，注意到 $19^{19}\equiv 19^{12}\cdot 19^6\cdot 19\equiv 1\cdot 6^6\cdot 19\equiv 2^6\cdot 3^6\cdot 6\equiv(-1)\cdot 1\cdot 6\equiv 7(\bmod\ 13)$，所以 $m^3+n^4=19^{19}$ 不能成立，结论得证.

解同余式(2.9)时，根据以下定理可以用 x^p-x 去除 $f(x)$，所得余式 $r(x)$ 的次数不超过 $p-1$，只需解同余式 $r(x)\equiv 0(\bmod\ p)$ 即可. 这对于次数较高的同余式来说，可以降低同余式次数.

> **定理 2.13** 对于同余式 $f(x)\equiv 0(\bmod\ p)$，若 $f(x)=(x^p-x)q(x)+r(x)$，其中余式 $r(x)$ 的次数不超过 $p-1$ 次，则 $f(x)\equiv r(x)(\bmod\ p)$.

证明 由多项式的带余式除法知，存在整系数多项式 $q(x)$ 和 $r(x)$ 使得

$$f(x)=(x^p-x)q(x)+r(x).$$

上式中 $r(x)$ 的次数不超过 $p-1$. 由费马小定理知，对任何整数 x 来说有 $x^p-x\equiv 0(\bmod\ p)$，故对任何整数 x 有 $f(x)\equiv r(x)(\bmod\ p)$.

例 2.32 解同余式

$$f(x)=x^{17}-3x^{16}+2x^{14}-5x^{13}-x^5+3x^4-x^2+5x+1\equiv 0(\bmod\ 13).$$

解 $f(x)=(x^{13}-x)(x^4-3x^3+2x-5)+x^2+1$，由定理 2.13，只需解同余式 $x^2+1\equiv 0(\bmod\ 13)$ 即可，求出同余式 $x^2+1\equiv 0(\bmod\ 13)$ 的解为 $x\equiv 5,8(\bmod\ 13)$，为原同余式的解.

2.7 二次剩余及二次同余式的解法

二次同余式的一般形式是
$$ax^2+bx+c\equiv 0(\bmod m), a\not\equiv 0(\bmod m). \quad (2.10)$$
一个二次同余式可能有解也可能没有解, 例如 $x^2-3\equiv 0(\bmod 7)$ 就没有解. 一个一般二次同余式总可以通过配方化成形如 $y^2-A\equiv 0(\bmod M)$ 的二次同余式, 因此式(2.10)是否有解的问题可以转化成判断二次同余式
$$x^2\equiv a(\bmod m), (a,m)=1 \quad (2.11)$$
是否有解的问题.

定义 2.11 若同余式(2.11)有解, 则 a 叫做模 m 的二次剩余, 若同余式(2.11)无解, 则 a 叫做模 m 的二次非剩余.

2.7.1 奇质数模的二次剩余及二次非剩余

对于模为奇质数 p 的同余式
$$x^2\equiv a(\bmod p), (a,p)=1, \quad (2.12)$$
有欧拉判别条件作为其是否有解的充要条件.

定理 2.14(欧拉判别条件) 若 $(a,p)=1$, 则 a 是模 p 的二次剩余的充要条件是
$$a^{\frac{p-1}{2}}\equiv 1(\bmod p),$$
当 a 是模 p 的二次剩余时, 式(2.12)恰有两个解.

a 是模 p 的二次非剩余的充要条件是
$$a^{\frac{p-1}{2}}\equiv -1(\bmod p).$$

证明 (1) 因为 x^2-a 能整除 $x^{p-1}-a^{\frac{p-1}{2}}$, 即存在一个整系数多项式 $q(x)$ 使得 $x^{p-1}-a^{\frac{p-1}{2}}=(x^2-a)q(x)$, 因此有
$$x^p-x = x\left(x^{p-1}-a^{\frac{p-1}{2}}\right)+\left(a^{\frac{p-1}{2}}-1\right)x$$
$$=(x^2-a)xq(x)+\left(a^{\frac{p-1}{2}}-1\right)x.$$

令 $r(x)=\left(a^{\frac{p-1}{2}}-1\right)x$, 若 $x^2-a\equiv 0(\bmod p)$ 有两解(即 a 是模 p 的二次剩余), 则由费马小定理知这两个解都是 $x^p-x\equiv 0(\bmod p)$ 的解, 从而也是 $r(x)\equiv 0(\bmod p)$ 的解. 但 $r(x)$ 的次数是1, 因此只有其系数是 p 的倍数时才成立, 故有 $a^{\frac{p-1}{2}}-1\equiv 0(\bmod p)$, 即欧拉判别

条件成立. 反之若欧拉判别条件成立, 则显然 a 是模 p 的二次剩余.

(2) 由欧拉定理知, 若 $(a,p)=1$, 则 $a^{p-1} \equiv 1 \pmod{p}$, 因此有

$$\left(a^{\frac{p-1}{2}}+1\right)\left(a^{\frac{p-1}{2}}-1\right) \equiv 0 \pmod{p}.$$

由于 p 是奇质数, 故 $a^{\frac{p-1}{2}} \equiv 1 \pmod{p}$ 和 $a^{\frac{p-1}{2}} \equiv -1 \pmod{p}$ 有一式且仅有一式成立. 但由 (1) 的证明知 a 是模 p 的二次非剩余的充要条件是 $a^{\frac{p-1}{2}} \equiv -1 \pmod{p}$, 证毕.

2.7.2 勒让德符号

当 p 的值比较大时, 用欧拉判别条件来确定同余式 (2.12) 是否有解很难实际运用. 下面引入的勒让德符号给出了一个比较便于实际计算的判别方法.

定义 2.12 勒让德 (Legendre) 符号 $\left(\dfrac{a}{p}\right)$ (读作 a 对 p 的勒让德符号) 是一个对于给定的奇质数 p 定义在一切整数 a 上的函数, 它的值规定如下:

当 a 是模 p 的二次剩余时 $\left(\dfrac{a}{p}\right)$ 的值为 1, 当 a 是模 p 的二次非剩余时 $\left(\dfrac{a}{p}\right)$ 的值为 -1, 当 $p \mid a$ 时 $\left(\dfrac{a}{p}\right)$ 的值为 0.

由勒让德符号的定义可以看出, 如果能够很快计算出它的值, 那么就会立刻知道同余式 $x^2 \equiv a \pmod{p}$ 是否有解. 勒让德符号具有以下性质:

性质 1 $\left(\dfrac{a}{p}\right) \equiv a^{\frac{p-1}{2}} \pmod{p}$, 该性质由勒让德符号的定义及欧拉判别条件可立刻得出.

由性质 1 又可以得出性质 2 和性质 3.

性质 2 $\left(\dfrac{1}{p}\right) = 1.$

性质 3 $\left(\dfrac{-1}{p}\right) = (-1)^{\frac{p-1}{2}}.$

若 $a \equiv a_1 \pmod{p}$，则由定义得.

性质 4 $\left(\dfrac{a}{p}\right) = \left(\dfrac{a_1}{p}\right)$.

再由性质 1，$\left(\dfrac{a_1 a_2 \cdots a_n}{p}\right) \equiv (a_1 a_2 \cdots a_n)^{\frac{p-1}{2}} \equiv a_1^{\frac{p-1}{2}} a_2^{\frac{p-1}{2}} \cdots a_n^{\frac{p-1}{2}}$

$$\equiv \left(\dfrac{a_1}{p}\right)\left(\dfrac{a_2}{p}\right)\cdots\left(\dfrac{a_n}{p}\right) \pmod{p}.$$

由定义知 $\left|\left(\dfrac{a_1 a_2 \cdots a_n}{p}\right) - \left(\dfrac{a_1}{p}\right)\left(\dfrac{a_2}{p}\right)\cdots\left(\dfrac{a_n}{p}\right)\right| \leqslant 2$，又知 $p>2$，故得到性质 5：

性质 5 $\left(\dfrac{a_1 a_2 \cdots a_n}{p}\right) = \left(\dfrac{a_1}{p}\right)\left(\dfrac{a_2}{p}\right)\cdots\left(\dfrac{a_n}{p}\right)$.

由于 $\left(\dfrac{b}{p}\right)\left(\dfrac{b}{p}\right) = 1$，又可得到性质 6：

性质 6 $\left(\dfrac{ab^2}{p}\right) = \left(\dfrac{a}{p}\right)$，$(b, p) = 1$.

性质 4 说明要计算 a 对 p 的勒让德符号值时可以用 $a_1 \equiv a \pmod{p}$，$0 \leqslant a_1 < p$ 去代替 a. 性质 5 说明如果 a 是合数，那么可把 a 对 p 的勒让德符号表成 a 的因数对 p 的勒让德符号的乘积. 而性质 6 说明在计算过程中可以去掉符号上方不被 p 整除的任何平方因数. 至于性质 2 则说明了 1 永远是二次剩余，性质 3 说明当 $p = 4m+1$ 时，-1 是二次剩余；当 $p = 4m+3$ 时，-1 是二次非剩余.

性质 7 $\left(\dfrac{2}{p}\right) = (-1)^{\frac{p^2-1}{8}}$.

若 $(a, p) = 1$ 且 a 是奇数时有性质 8：

性质 8 $\left(\dfrac{a}{p}\right) = (-1)^{\sum_{k=1}^{p_1}\left[\frac{ak}{p}\right]}$，其中 $p_1 = \dfrac{p-1}{2}$.

由性质 8 知道，当 $p = 8m \pm 1$ 时，2 是二次剩余. 当 $p = 8m \pm 3$ 时，2 是二次非剩余.

性质 9（二次反转定律） 若 p 和 q 都是奇质数且 $(p, q) = 1$，则
$$\left(\dfrac{q}{p}\right) = (-1)^{\frac{p-1}{2} \cdot \frac{q-1}{2}} \left(\dfrac{p}{q}\right).$$

由性质 2~性质 9 可以给出一个能实际计算出 $\left(\dfrac{a}{p}\right)$ 的值的方法，因此就可以实际地判断出 $x^2 \equiv a(\bmod p)$ 是否有解.

例 2.33 判断同余式 $x^2 \equiv 286(\bmod 563)$ 是否有解.

解 已知 563 为质数，且 $563 = 8 \times 70 + 3$，故由性质 5 和性质 7 得到

$$\left(\dfrac{286}{563}\right) = \left(\dfrac{2}{563}\right)\left(\dfrac{143}{563}\right) = -\left(\dfrac{143}{563}\right) = -\left(\dfrac{11}{563}\right)\left(\dfrac{13}{563}\right).$$

再由性质 9，性质 2，性质 5，性质 4，性质 7 即得

$$\left(\dfrac{13}{563}\right) = \left(\dfrac{563}{13}\right) = \left(\dfrac{4}{13}\right) = 1, \quad \left(\dfrac{11}{563}\right) = -\left(\dfrac{563}{11}\right) = -\left(\dfrac{2}{11}\right) = 1.$$

故 $\left(\dfrac{286}{563}\right) = -1$，因而此同余式无解.

2.7.3 合数模的情形

若 m 是合数，解同余式 $x^2 \equiv a(\bmod m)$ 时，把 m 写成标准分解式

$$m = 2^\alpha p_1^{\alpha_1} p_2^{\alpha_2} \cdots p_k^{\alpha_k}.$$

由定理 2.10 知，该同余式与同余式组

$$x^2 \equiv a(\bmod 2^\alpha), \quad x^2 \equiv a(\bmod p_i^{\alpha_i}), \quad i = 1, 2, \cdots, k$$

等价. 且在有解的情况下其解数是同余式组各解数的乘积. 因此我们先讨论以下同余式的解.

$$x^2 \equiv a(\bmod p^\alpha), \quad \alpha > 0, \quad (a, p) = 1. \tag{2.13}$$

定理 2.15 同余式 (2.13) 有解的充要条件是 $\left(\dfrac{a}{p}\right) = 1$，并且在有解的情况下其解数是 2.

证明 若 $\left(\dfrac{a}{p}\right) = -1$，则同余式 $x^2 \equiv a(\bmod p)$ 无解，因而同余式 (2.13) 无解，必要性得证.

若 $\left(\dfrac{a}{p}\right) = 1$，则由定理 2.14（欧拉判别条件）知同余式 $x^2 \equiv a(\bmod p)$ 恰有两个解，设 $x \equiv x_1(\bmod p)$ 是它的一个解，那么由 $(a, p) = 1$ 即得 $(x_1, p) = 1$. 又因为 $(2, p) = 1$，从而有 $(2x_1, p) = 1$. 若令 $f(x) = x^2 - a$，则 $p \nmid f'(x_1)$，由定理 2.11 知从 $x \equiv x_1(\bmod p)$ 可以得到式 (2.13) 的一个唯一解. 因此由 $x^2 \equiv a(\bmod p)$ 的两个解可得到式 (2.13) 的两个解，并且仅有两个解. 证毕.

下面来讨论同余式

$$x^2 \equiv a \pmod{2^\alpha}, \quad \alpha > 0, \quad (2, a) = 1 \tag{2.14}$$

的解. 首先我们立刻看出,当 $\alpha = 1$ 时式(2.14)总是有解,且解数为1. 下面的定理给出 $\alpha > 1$ 时解的情况.

> **定理 2.16** 设 $\alpha > 1$,则式(2.14)有解的必要条件是(1)当 $\alpha = 2$ 时,$a \equiv 1 \pmod{4}$,(2)当 $\alpha \geq 3$ 时,$a \equiv 1 \pmod{8}$. 若上述条件成立,则式(2.14)有解,并且当 $\alpha = 2$ 时,解数是 2;当 $\alpha \geq 3$ 时,解数是 4.

证明 若 $x \equiv x_1 \pmod{2^\alpha}$ 是式(2.14)的任一解,由 $(a, 2) = 1$ 即得 $(x_1, 2) = 1$,因此可设 $x_1 = 1 + 2t_1$,其中 t_1 是整数. 由此得到

$$1 + 4t_1(t_1 + 1) \equiv a \pmod{2^\alpha}.$$

(1) 当 $\alpha = 2$ 时,$2^\alpha = 4$,因此 $a \equiv 1 + 4t_1(t_1 + 1) \equiv 1 \pmod{4}$.

(2) 当 $\alpha \geq 3$ 时,$1 + 4t_1(t_1 + 1) \equiv a \pmod 8$,又 $2 \mid t_1(t_1 + 1)$,故 $a \equiv 1 \pmod 8$,条件的必要性获证.

若当 $\alpha = 2$ 时(1)成立,则 $a \equiv 1 \pmod{2^\alpha}$. 显然 $x \equiv 1, 3 \pmod{2^\alpha}$ 都是式(2.14)的解,且仅有此二解.

若当 $\alpha = 3$ 时(2)成立,则 $a \equiv 1 \pmod{2^\alpha}$. 显然 $x \equiv 1, 3, 5, 7 \pmod{2^\alpha}$ 都是式(2.14)的解,且仅有此四解.

当 $\alpha > 3$ 时,容易看出在 $\alpha = 3$ 而(2)成立时,适合 $x^2 \equiv a \pmod{2^3}$ 的整数是一切奇数,我们把它们写成下列形式

$$x = \pm(1 + 4t_2), \quad t_2 = 0, \pm 1, \pm 2, \cdots.$$

我们来考察上式中哪些整数适合同余式 $x^2 \equiv a \pmod{16}$,此时必须有

$$(1 + 4t_2)^2 \equiv a \pmod{16}, \quad \text{即} \quad t_2 \equiv \frac{a-1}{8} \pmod 2.$$

亦即 $t_2 = t_3 + 2t_4$,$t_3 = \dfrac{a-1}{8}$,故

$$x = \pm(1 + 4t_3 + 8t_4) = \pm(x_4 + 8t_4), \quad x_4 = 1 + 4t_3, \quad t_4 = 0, \pm 1, \cdots$$

是适合同余式 $x^2 \equiv a \pmod{16}$ 的一切整数. 用同样方法可以证明一切整数

$$x = \pm(x_5 + 16t_5), \quad t_5 = 0, \pm 1, \pm 2, \cdots, \quad x_5^2 \equiv a \pmod{2^5}$$

适合同余式 $x^2 \equiv a \pmod{2^5}$. 仿此过程可得出对任一 $\alpha > 3$,适合式(2.14)的一切整数是

$$x = \pm(x_\alpha + 2^{\alpha-1}t_\alpha), \quad t_\alpha = 0, \pm 1, \pm 2, \cdots, \quad x_\alpha^2 \equiv a \pmod{2^\alpha}.$$

这些 x 对模 2^α 来说构成四个解,即

$$x \equiv x_\alpha, \; x_\alpha + 2^{\alpha-1}, \; -x_\alpha, \; -x_\alpha - 2^{\alpha-1} \pmod{2^\alpha}.$$

因为 $x_\alpha + 2^{\alpha-1} \equiv x_\alpha \equiv 1 \pmod{4}$，$-x_\alpha - 2^{\alpha-1} \equiv -x_\alpha \equiv -1 \pmod{4}$，$x_\alpha + 2^{\alpha-1} \not\equiv x_\alpha \pmod{2^\alpha}$，$-x_\alpha - 2^{\alpha-1} \not\equiv -x_\alpha \pmod{2^\alpha}$，因此只有四个解. 证毕.

例 2.34 解同余式 $x^2 \equiv 57 \pmod{64}$.

解 因为 $57 \equiv 1 \pmod{8}$，故同余式有四解. 把 x 写成 $x = \pm(1+4t_3)$ 代入原同余式得到 $(1+4t_3)^2 \equiv 57 \pmod{16}$. 由此得 $t_3 \equiv 1 \pmod{2}$，故

$$x = \pm(1+4(1+2t_4)) = \pm(5+8t_4)$$

是适合 $x^2 \equiv 57 \pmod{16}$ 的一切整数，再代入同余式得到 $(5+8t_4)^2 \equiv 57 \pmod{32}$. 由此得 $t_4 \equiv 0 \pmod{2}$. 故

$$x = \pm(5+8 \cdot 2t_5) = \pm(5+16t_5)$$

是适合 $x^2 \equiv 57 \pmod{32}$ 的一切整数. 再由 $(5+16t_5)^2 \equiv 57 \pmod{64}$ 得到 $t_5 \equiv 1 \pmod{2}$，

故 $$x = \pm(5+16(1+2t_6)) = \pm(21+32t_6)$$

是适合 $x^2 \equiv 57 \pmod{64}$ 的一切整数，因此 $x \equiv 21, 53, -21, -53 \pmod{64}$ 是同余式的四个解.

由定理 2.10 及定理 2.15、定理 2.16 可立即得到：

定理 2.17 同余式 $x^2 \equiv a \pmod{m}$ ($m = 2^\alpha p_1^{\alpha_1} p_2^{\alpha_2} \cdots p_k^{\alpha_k}$, $(a,m)=1$) 有解的必要条件是：当 $\alpha = 2$ 时 $a \equiv 1 \pmod{4}$，当 $\alpha \geq 3$ 时 $a \equiv 1 \pmod{8}$ 并且 $\left(\dfrac{a}{p_i}\right) = 1$, $i = 1, 2, \cdots, k$.

若上述条件成立，则有解并且当 $\alpha = 0$ 及 1 时，解数是 2^k；当 $\alpha = 2$ 时，解数是 2^{k+1}；当 $\alpha \geq 3$ 时，解数是 2^{k+2}.

习题 2

1. 求 79^6 被 9 除所得的余数，73^6 被 5 除所得的余数，47^6 被 7 除所得的余数，73^{100} 被 9 除所得的余数.

2. 如果今天是星期一，计算出从今天起过 60^{10} 天后是星期几，过 80^{10} 天后是星期几，过 800^{100} 天后是星期几.

3. 利用同余理论证明，当 n 是奇数时 $3 \mid (2^n+1)$，$4 \mid (3^n+1)$，$5 \mid (2^{2n}+1)$，$10 \mid (3^{2n}+1)$，当 n 是偶数时以上整除式均不成立.

4. 证明对任意 $n \in \mathbf{N}$，数 $3^n + 2 \times 17^n$ 不是一个完全平方数.

5. 求最小的正整数 a，使得存在正奇数 n，满足 $2001 \mid (55^n + a \cdot 32^n)$.

6. 求最小的质数 p，使得不存在 $a, b \in \mathbf{N}$，满足 $|3^a - 2^b| = p$.

7. 证明对任意 $m, n \in \mathbf{N}^*$，存在奇数 a, b 使得 $2m \equiv a^{20} + b^{11} \pmod{2^n}$.

8. 一次圆桌会议共有 2008 个人参加，中间休

息后他们依照不同的次序重新围着圆桌坐下．证明：至少有两个人，他们之间的人数在休息前与休息后是相等的．

9. 已知整数 $a_1, a_2, \cdots, a_n (n \geq 2)$ 的和为 1，数列 $\{b_m\}$ 定义如下：
$$b_m = a_m + 2a_{m+1} + \cdots + (n-m+1)a_n + (n-m+2)a_1 + \cdots + na_{m-1},$$
这里 $m = 1, 2, \cdots, n$．证明 $b_1, b_2, \cdots, b_n$ 构成模 n 的一个完全剩余系．

10. 对于 $n \in \mathbf{N}^*$，如果对任意 $a \in \mathbf{N}^*$，只要 $n \mid (a^n - 1)$，就有 $n^2 \mid (a^n - 1)$，那么称 n 具有性质 P．

(1) 证明：每个质数都具有性质 P．

(2) 是否存在无穷多个合数具有性质 P？

11. 解下列一次同余式．

(1) $47x \equiv 89 \pmod{111}$；

(2) $258x \equiv 131 \pmod{348}$；

(3) $660x \equiv 595 \pmod{1385}$．

12.（1）七数剩一，八数剩二，九数剩四，问本数．

（2）十一数余三，七二数余二，十三数余一，问本数（杨辉：《续古摘奇算法》）．

13. 求联立同余式组 $\begin{cases} x + 4y - 29 \equiv 0 \pmod{143} \\ 2x - 9y + 84 \equiv 0 \pmod{143} \end{cases}$ 的解．

14.（1）设 m 是正整数，$(a, m) = 1$，证明
$$x \equiv ba^{\varphi(m)-1} \pmod{m}$$
是同余式 $ax \equiv b \pmod{m}$ 的解，其中 $\varphi(m)$ 是 m 的欧拉函数值．

（2）设 p 是质数，$0 < a < p$，证明
$$x \equiv b(-1)^{a-1} \frac{(p-1) \cdots (p-a+1)}{a!} \pmod{p}$$
是同余式 $ax \equiv b \pmod{p}$ 的解．

15. 设 m_1, m_2 是两个正整数，$b_1, b_2 \in \mathbf{Z}, d = (m_1, m_2)$，证明同余式组
$$x \equiv b_1 \pmod{m_1}, \quad x \equiv b_2 \pmod{m_2}$$
有解的充分必要条件是 $d \mid (b_1 - b_2)$．

16. 甲、乙两港的距离不超过 5000 公里，今有三只轮船于某天零时同时从甲港开往乙港．假定三只轮船每天 24 小时都是匀速航行，若干天后的零时第一只轮船首先到达，几天后的 18 时第二只轮船到达，再过几天后的 8 时第三只轮船也到达．假定第一只轮船的航速是 300 公里每天，第二只轮船的航速是 240 公里每天，第三只轮船的航速是 180 公里/每天，问甲、乙两港的实际距离是多少公里？三只轮船各走了多少天？

17. 设 n 是一个大于 3 的奇数，证明：存在质数 p，使得 $p \nmid n$，但 $p \mid (2^{\varphi(n)} - 1)$．

18. 解同余式 $6x^3 + 27x^2 + 17x + 20 \equiv 0 \pmod{30}$．

19. 解同余式 $31x^4 + 57x^3 + 96x + 191 \equiv 0 \pmod{225}$．

20. 设 $n \mid p-1, n > 1, (a, p) = 1$，证明同余式 $x^n \equiv a \pmod{p}$ 有解的充分必要条件是 $a^{\frac{p-1}{n}} \equiv 1 \pmod{p}$，并且在有解的情况下就有 n 个解．

21. 设 n 是正整数，$(a, m) = 1$，并且已知同余式 $x^n \equiv a \pmod{m}$ 有一解 $x \equiv x_0 \pmod{m}$，证明这个同余式的一切解可以表成 $x \equiv yx_0 \pmod{m}$，其中 y 是同余式 $y^n \equiv 1 \pmod{m}$ 的解．

22. 证明同余式 $ax^2 + bx + c \equiv 0 \pmod{m}$，$(2a, m) = 1$ 有解的充分必要条件是同余式 $x^2 \equiv q \pmod{m}$，$q = b^2 - 4ac$ 有解，并且前一同余式的一切解可由后一同余式的解导出．

23. 证明同余式 $x^2 \equiv a \pmod{p^\alpha}$，$(a, p) = 1$ 的解是 $x \equiv \pm PQ' \pmod{p^\alpha}$，其中
$$P = \frac{(z + \sqrt{a})^\alpha + (z - \sqrt{a})^\alpha}{2},$$
$$Q = \frac{(z + \sqrt{a})^\alpha - (z - \sqrt{a})^\alpha}{2\sqrt{a}},$$
$z^2 \equiv a \pmod{p}$，$QQ' \equiv 1 \pmod{p^\alpha}$．

24. 证明同余式 $x^2 + 1 \equiv 0 \pmod{p}$，$p = 4m + 1$ 的解是 $x \equiv \pm 1 \cdot 2 \cdots (2m) \pmod{p}$．

25. 判断下列同余式是否有解

(1) $x^2 \equiv 429 \pmod{563}$；

(2) $x^2 \equiv 680 \pmod{769}$；

(3) $x^2 \equiv 503 \pmod{1013}$，

其中 563, 79, 1013 都是质数．

26. 求出以 -2 为二次剩余的质数的一般表达式；以 -2 为二次非剩余的质数的一般表达式．

27. 设 n 是正整数，$4n + 3$ 和 $8n + 7$ 是两个质数，证明 $2^{4n+3} \equiv 1 \pmod{8n+7}$，并由此说明 $23 \mid (2^{11} - 1)$，

$47\mid(2^{23}-1)$,$503\mid(2^{251}-1)$.

28. 求以 ±3 为二次剩余的质数的一般表达式，什么质数以 ±3 为二次非剩余？

29. 求以 3 为最小二次非剩余的质数的一般表达式.

30. 解同余式 $x^2\equiv 59(\bmod 125)$，$x^2\equiv 41(\bmod 64)$.

31. (1) 证明同余式 $x^2\equiv 1(\bmod m)$ 与同余式 $(x+1)(x-1)\equiv 0(\bmod m)$ 等价，(2) 应用(1)举出一个求同余式 $x^2\equiv 1(\bmod m)$ 的一切解的方法.

第 3 章
指数、原根与指标

3.1 指数的概念及性质

由欧拉定理知，若 $a \in \mathbf{Z}$，m 是大于 1 的整数，且 $(a, m) = 1$，则 $a^{\varphi(m)} \equiv 1 \pmod{m}$，因此满足同余式 $a^{\gamma} \equiv 1 \pmod{m}$ 的最小正整数存在，于是就有下面的定义.

定义 3.1 若 $a \in \mathbf{Z}$，m 是大于 1 的整数，且 $(a, m) = 1$，则使得同余式 $a^{\gamma} \equiv 1 \pmod{m}$ 成立的最小正整数 γ 称为 a 对模 m 的指数，也常称为 a 对模 m 的阶，记作 $\delta_m(a)$，或简记为 δ.

例如，2 对模 7 的指数是 3，2 对模 11 的指数是 10，-3 对模 10 的指数是 4，-7 对模 15 的指数是 4.

指数具有以下一些基本性质，比较明显的性质就不再证明.

性质 1 若 $a \equiv b \pmod{m}$，$(a, m) = 1$，则 $\delta_m(a) = \delta_m(b)$.

性质 2 若 a 对模 m 的指数是 δ，则 $1 = a^0, a^1, \cdots, a^{\delta-1}$ 对模 m 两两不同余.

证明 用反证法证明. 假定有两个整数 k，l 满足下列条件，
$$a^k \equiv a^l \pmod{m}, \quad 0 \leqslant k < l < \delta.$$
因为 $(a, m) = 1$，所以有 $a^{l-k} \equiv 1 \pmod{m}$，$0 < l - k < \delta$，这与 δ 是 a 对模 m 的指数相矛盾，故有性质 2.

性质 3 若 a 对模 m 的指数是 δ，则 $a^{\gamma} \equiv a^{\gamma'} \pmod{m}$ 成立的充分必要条件是 $\gamma \equiv \gamma' \pmod{\delta}$，特别地，$a^{\gamma} \equiv 1 \pmod{m}$ 成立的充分必要条件是 $\delta \mid \gamma$.

证明 设 $\gamma = \delta q + r$，$\gamma' = \delta q' + r'$，$0 \leqslant r, r' < \delta$，由于 $a^{\delta} \equiv 1 \pmod{m}$，故有

$$a^{\gamma} \equiv (a^{\delta})^q a^r \equiv a^r \pmod{m}, \quad a^{\gamma'} \equiv (a^{\delta})^{q'} a^{r'} \equiv a^{r'} \pmod{m}.$$

因此 $a^{\gamma} \equiv a^{\gamma'} \pmod{m}$ 的充要条件是 $a^r \equiv a^{r'} \pmod{m}$，但由性质 2 及 $0 \leq r, r' < \delta$ 知：若 $a^r \equiv a^{r'} \pmod{m}$，则 $r = r'$。反之若 $r = r'$ 则 $a^r \equiv a^{r'} \pmod{m}$。故 $a^{\gamma} \equiv a^{\gamma'} \pmod{m}$ 的充要条件是 $r = r'$，即 $\gamma \equiv \gamma' \pmod{\delta}$。

特别地，若 $a^{\gamma} \equiv 1 \pmod{m}$，而 $a^{\delta} \equiv 1 \pmod{m}$，故 $\gamma \equiv \delta \pmod{\delta}$，即 $\delta \mid \gamma$。

由性质 3 和欧拉定理可立即得出性质 4 的结论。

性质 4 若 a 对模 m 的指数是 δ，则 $\delta \mid \varphi(m)$。

性质 5 若 x 对模 m 的指数是 ab，$a > 0$，$b > 0$，则 x^a 对模 m 的指数是 b。

证明 因为 $(x, m) = 1$，故 $(x^a, m) = 1$，所以 x^a 对模 m 的指数是存在的。设 x^a 对模 m 的指数是 δ，则 $(x^a)^{\delta} \equiv 1 \pmod{m}$，由性质 3 知 $ab \mid a\delta$，因而 $b \mid \delta$。

另一方面，既然 x 对模 m 的指数是 ab，因此 $(x^a)^b \equiv 1 \pmod{m}$，而 δ 是 x^a 对模 m 的指数，故由性质 3 得 $\delta \mid b$。又 b, δ 都是正整数，故 $b = \delta$。

性质 6 若 x 对模 m 的指数是 a，y 对模 m 的指数是 b，并且 $(a, b) = 1$，则 xy 对模 m 的指数是 ab。

证明 因为 $(x, m) = (y, m) = 1$，故 $(xy, m) = 1$，因此 xy 对模 m 的指数是存在的。设 xy 对模 m 的指数是 δ，则 $(xy)^{\delta} \equiv 1 \pmod{m}$，由此即得

$$1 \equiv (xy)^{b\delta} \equiv x^{b\delta} y^{b\delta} \equiv x^{b\delta} \pmod{m}.$$

由性质 3 即得 $a \mid b\delta$。但 $(a, b) = 1$，故 $a \mid \delta$。用同样的方法可以证明 $b \mid \delta$。再由于 $(a, b) = 1$，就可得到 $ab \mid \delta$。

另一方面，因为 $(xy)^{ab} = (x^a)^b (y^b)^a \equiv 1 \pmod{m}$，由性质 3 知 $\delta \mid ab$，又因为 $ab > 0$，$\delta > 0$，故 $\delta = ab$。

性质 7 设 a^{-1} 是 a 对模 m 的逆元（逆元的定义见第 2 章定义 2.10），则有 $\delta_m(a^{-1}) = \delta_m(a)$。

证明 这可由 $a^{\delta} \equiv 1 \pmod{m}$ 成立的充要条件是 $(a^{-1})^{\delta} \equiv 1 \pmod{m}$ 立即推出。

性质 8 若 $n \mid m$，则 $\delta_n(a) \mid \delta_m(a)$。

该性质可由性质 3 直接推出。

性质 9 设 $m \in \mathbf{N}^*$, $a, b \in \mathbf{Z}$, $(a,m)=(b,m)=1$, 则 $\delta_m(ab) = \delta_m(a)\delta_m(b)$ 的充要条件是 $(\delta_m(a), \delta_m(b))=1$.

证明 设 $\delta' = \delta_m(a)$, $\delta'' = \delta_m(b)$, $\delta = \delta_m(ab)$, $\eta = [\delta_m(a), \delta_m(b)]$, 如果 $(\delta', \delta'')=1$, 则有 $1 \equiv (ab)^\delta \equiv (ab)^{\delta\delta''} \equiv a^{\delta\delta''} \pmod{m}$, 所以 $\delta' | \delta\delta''$, 由此以及 $(\delta', \delta'')=1$ 可以推出 $\delta' | \delta$. 同样有 $1 \equiv (ab)^\delta \equiv (ab)^{\delta\delta'} \equiv b^{\delta\delta'} \pmod{m}$, 所以有 $\delta'' | \delta\delta'$, 由此以及 $(\delta', \delta'')=1$ 可以推出 $\delta'' | \delta$. 因为 $(\delta', \delta'')=1$, 所以就有 $\delta'\delta'' | \delta$. 显然 $(ab)^{\delta'\delta''} \equiv 1 \pmod{m}$, 所以有 $\delta | \delta'\delta''$, 这样就得到 $\delta = \delta'\delta''$, 性质 9 的充分性得证.

若 $\delta = \delta'\delta''$, 我们知道 $(ab)^\eta \equiv 1 \pmod{m}$, 所以 $\delta | \eta$, 另一方面显然有 $\eta | \delta'\delta''$, 由此就有 $\eta = \delta'\delta''$, 即 $(\delta', \delta'')=1$, 性质 9 的必要性得证.

性质 10 设 $k \in \mathbf{N}$, $m \in \mathbf{N}^*$, $a \in \mathbf{Z}$, $(a,m)=1$, 则 $\delta_m(a^k) = \dfrac{\delta_m(a)}{(\delta_m(a), k)}$.

性质 10 的证明由例 3.6 给出. 由性质 9、10 又可以得到性质 11.

性质 11 设 p 是奇质数, a, b 是任意两个与 p 互质的整数, 则一定存在 $c \in \mathbf{Z}$, 使得 $\delta_p(c) = [\delta_p(a), \delta_p(b)]$.

例 3.1 设 a 是大于 1 的整数, $n \in \mathbf{N}^*$, 证明 $n | \varphi(a^n - 1)$.

证明 因为 $a > 1$, n 是满足同余式 $a^n \equiv 1 \pmod{a^n - 1}$ 的最小正整数, 即 n 是 a 对模 $a^n - 1$ 的指数. 显然 $(a, a^n - 1) = 1$, 由欧拉定理知 $a^{\varphi(a^n - 1)} \equiv 1 \pmod{a^n - 1}$, 根据指数性质 4 知 $n | \varphi(a^n - 1)$.

例 3.2 设 p 是大于 2 的质数, q 为 $2^p - 1$ 的质因子, 证明 $q \equiv 1 \pmod{2p}$.

证明 因为 q 为 $2^p - 1$ 的质因子, 所以 $2^p \equiv 1 \pmod{q}$, 又设 δ 是 2 对模 q 的指数, 则由指数性质 3 知 $\delta | p$, 但 p 是大于 2 的质数, 故只有 $\delta = p$. 再由费马小定理知 $2^{q-1} \equiv 1 \pmod{q}$, 于是由指数性质 3 知 $p | (q-1)$, 即 $q \equiv 1 \pmod{p}$, 注意到 p, q 都是奇质数, 因而就得到 $q \equiv 1 \pmod{2p}$.

例 3.3 设 q 为费马数 $F_n = 2^{2^n} + 1$ 的质因子. 证明当 $n > 1$ 时 $q \equiv 1 \pmod{2^{n+2}}$.

证明 先证明一个引理：设 a 是大于 1 的正整数，若 q 是数 $a^{2^n}+1$ 的奇质因子，则 $q \equiv 1 \pmod{2^{n+1}}$.

事实上，因为 q 是数 $a^{2^n}+1$ 的奇质因子，即 $a^{2^n} \equiv -1 \pmod{q}$，再由同余性质知 $a^{2^{n+1}} \equiv 1 \pmod{q}$，这就表明 $\delta_q(a) \nmid 2^n$，但 $\delta_q(a) \mid 2^{n+1}$，注意到 $q>2$，所以 $\delta_q(a) = 2^{n+1}$. 再由费马小定理知 $a^{q-1} \equiv 1 \pmod{q}$，故 $2^{n+1} \mid (q-1)$，即 $q \equiv 1 \pmod{2^{n+1}}$，引理获证.

当 $n>1$ 时，注意到
$$F_{n-1}^{2^{n+1}} = (2^{2^{n-1}}+1)^{2^{n+1}} = (2^{2^n}+2^{1+2^{n-1}}+1)^{2^n} \equiv (2^{1+2^{n-1}})^{2^n} = (2^{2^n})^{1+2^{n-1}} \equiv (-1)^{1+2^{n-1}} \equiv -1 \pmod{F_n}$$
所以对 F_n 的质因子 q，我们有 $q \mid (F_{n-1}^{2^{n+1}}+1)$，根据前面证过的引理就可得出 $q \equiv 1 \pmod{2^{n+2}}$，证毕.

例 3.4 求所有的正整数 n，使得 $2^n \equiv 1 \pmod{n}$.

解 当 $n=1$ 时显然满足同余式. 下面要证当 $n>1$ 时都有 $2^n \not\equiv 1 \pmod{n}$.

事实上若存在 $n>1$ 使得 $2^n \equiv 1 \pmod{n}$，取 n 的最小质因子 p，应有 $2^n \equiv 1 \pmod{p}$，而由费马小定理知 $2^{p-1} \equiv 1 \pmod{p}$，所以 $2^{(n,p-1)} \equiv 1 \pmod{p}$. 由于 p 是 n 的最小质因子，可知 $(n,p-1)=1$，这样就有 $2 \equiv 1 \pmod{p}$，导致矛盾. 综上所述，只有 $n=1$ 满足题设同余式，证毕.

例 3.5 设 p 是大于 2 的质数，a 是大于 1 的整数，证明

(1) a^p-1 的奇质因子是 $a-1$ 的因子或是形如 $2px+1$ 的整数，其中 $x \in \mathbf{Z}$.

(2) a^p+1 的奇质因子是 $a+1$ 的因子或是形如 $2px+1$ 的整数，其中 $x \in \mathbf{Z}$.

证明 (1) 设 m 是 a^p-1 的任一奇质因子，则 $m \mid (a^p-1)$，即 $a^p \equiv 1 \pmod{m}$，又设 a 对模 m 的指数是 δ，则 $\delta \mid p$. 因为 p 是质数，由 $\delta \mid p$ 可知 $\delta=1$ 或 $\delta=p$.

当 $\delta=1$ 时，$a \equiv 1 \pmod{m}$，$m \mid (a-1)$，即 m 是 $a-1$ 的因子.

当 $\delta=p$ 时，由指数性质知 $\delta \mid \varphi(m)$，即 $p \mid \varphi(m)$. 由于 m 是奇质数，所以 $\varphi(m)=m-1$，即 $p \mid (m-1)$. 设 $m-1=pt$，$t \in \mathbf{Z}$，因为 $m-1$ 是偶数，可设 $t=2x$，$x \in \mathbf{Z}$，则 $m=2px+1$.

(2) 设 m_1 是 a^p+1 的任一奇质因子，则 $m_1 \mid (a^p+1)$，显然有 $m_1 \mid -(a^p+1)$，因为 p 是大于 2 的质数，又可以写成 $m_1 \mid ((-a)^p-1)$，令 $a_1=-a$，则 $m_1 \mid (a_1^p-1)$，由(1)可知 m_1 或是 a_1-1 的因子，或者 m_1 是形如 $2px+1$ 的整数，其中 $x \in \mathbf{Z}$. 若 m_1 是 a_1-1 的因子，当然也是 $-(a_1-1)$ 的因子，既是 $a+1$ 的因子. 仿(1)的证明可知，m_1

或是形如 $2px+1$ 的整数.

例 3.6 设 a 对模 m 的指数是 δ,证明 a^λ 对模 m 的指数是 $\dfrac{\delta}{(\lambda,\delta)}$,这里 $\lambda \in \mathbf{Z}$.

证明 设 $(\lambda,\delta)=d$,a^λ 对模 m 的指数为 k,则 $(a^\lambda)^{\frac{\delta}{d}} \equiv (a^\delta)^{\frac{\lambda}{d}} \equiv 1^{\frac{\lambda}{d}} \equiv 1 \pmod{m}$,由指数性质知,$k \mid \dfrac{\delta}{d}$,即 $k \mid \dfrac{\delta}{(\lambda,\delta)}$. 又设 $\lambda=d\lambda_1$,$\delta=d\delta_1$,则 $(\lambda_1,\delta_1)=1$,$(a^\lambda)^k = a^{\lambda k} \equiv 1 \pmod{m}$,再由指数性质知道 $\delta \mid \lambda k$,即 $\delta_1 \mid \lambda_1 k$,而 $(\lambda_1,\delta_1)=1$,所以 $\delta_1 \mid k$,再令 $k=\delta_1 t$,$t \in \mathbf{Z}$,结合 $k \mid \dfrac{\delta}{d}$,就有 $\delta_1 t \mid \delta_1$,所以有 $t=1$,即 $k=\delta_1$,最终得到 a^λ 对模 m 的指数是 $\delta_1 = \dfrac{\delta}{d} = \dfrac{\delta}{(\lambda,\delta)}$,证毕.

例 3.7 设 m,a,b 都是正整数,且 $m>1$,证明 $(m^a-1, m^b-1) = m^{(a,b)}-1$.

证明 记 $(m^a-1, m^b-1)=d$,由于 $(a,b) \mid a$,$(a,b) \mid b$,易知 $(m^{(a,b)}-1) \mid (m^a-1)$ 以及 $(m^{(a,b)}-1) \mid (m^b-1)$,从而 $(m^{(a,b)}-1) \mid d$,另一方面,m 与 d 显然互质,设 m 对模 d 的指数为 k,则由 $m^a \equiv 1 \pmod{d}$,$m^b \equiv 1 \pmod{d}$ 可推出 $k \mid a$,$k \mid b$,故 $k \mid (a,b)$,因此 $m^{(a,b)} \equiv 1 \pmod{d}$,即 $d \mid (m^{(a,b)}-1)$,结合前面所证结果有 $d = m^{(a,b)}-1$,证毕.

例 3.8 设 p 为质数,证明存在质数 q,使得对任意 $n \in \mathbf{Z}$,都有 $q \nmid (n^p-p)$.

证明 注意到 $\dfrac{p^p-1}{p-1} = 1+p+\cdots+p^{p-1} \equiv 1+p \pmod{p^2}$,从而数 $\dfrac{p^p-1}{p-1}$ 有一个质因子 q,满足 $q \not\equiv 1 \pmod{p^2}$,下面要证这个 q 就是符合要求的质因子.

事实上,若存在 $n \in \mathbf{Z}$,使得 $n^p \equiv p \pmod{q}$,则 $n^{p^2} \equiv p^p \equiv 1 \pmod{q}$,而由费马小定理知 $n^{q-1} \equiv 1 \pmod{q}$,所以 $n^{(p^2,q-1)} \equiv 1 \pmod{q}$,由于 $q \not\equiv 1 \pmod{p^2}$,因此有 $(p^2,q-1) \mid p$,因此 $n^p \equiv 1 \pmod{q}$,进而 $p \equiv n^p \equiv 1 \pmod{q}$,这就表明

$$0 \equiv \dfrac{p^p-1}{p-1} = 1+p+\cdots+p^{p-1} \equiv \underbrace{1+1+\cdots+1}_{p \uparrow 1} \equiv p \pmod{q}.$$

即 $q \mid p$,导致矛盾,证毕.

例 3.9 是否存在满足下述三个条件的正整数 a, b, c?

(1) a, b, c 两两互质;(2) a, b, c 都大于 1;(3) $a \mid (2^b+1)$,$b \mid (2^c+1)$,$c \mid (2^a+1)$.

解 结论是不存在满足条件的正整数 a, b, c.

我们用 $\pi(n)$ 来表示正整数 n 的最小质因子,先来证明一个引理:若 p 是质数,$p < \pi(x)$ 且 $p \mid (2^x+1)$,则 $p=3$.

事实上,由 $p \mid (2^x+1)$ 知 p 是大于 2 的质数,利用费马小定理可得到 $2^{p-1} \equiv 1 \pmod{p}$,又由 $2^x \equiv -1 \pmod{p}$ 可推出 $2^{2x} \equiv 1 \pmod{p}$,所以 $2^{(p-1,2x)} \equiv 1 \pmod{p}$,考虑到 $p < \pi(x)$,可知 $(p-1,x)=1$,故 $(p-1,2x)=2$,因此 $2^2 \equiv 1 \pmod{p}$,故 $p=3$,引理获证.

若存在满足条件的正整数 a, b, c,则由条件(3)知 a, b, c 都是奇数,结合条件(1),(2)知 $\pi(a), \pi(b), \pi(c)$ 两两不同.不妨设 $\pi(a) < \pi(b) < \pi(c)$,在引理中取 $(\pi(a),b)=(p,x)$,可知 $\pi(a)=3$.于是可设 $a=3a_0$,$a_0 \in \mathbf{N}^*$.注意到若 $3 \mid a_0$,则 $9 \mid a$,进而 $9 \mid (2^b+1)$,于是就有 $2^{2b} \equiv 1 \pmod 9$.易知 $\delta_9(2)=6$,可知 $6 \mid 2b$,即 $3 \mid b$,这就与 $(a,b)=1$ 矛盾,所以 $3 \nmid a_0$,进一步就有 $3 \nmid a_0 bc$.

记 $\pi(a_0 bc)=q$,则 $q \leqslant \min\{\pi(b),\pi(c)\}$,如果 $q \mid a_0$,那么 $q \mid a$,而 $(a,b)=1$,可知 $q < \pi(b)$.这样,在引理中令 $(p,x)=(q,b)$,将会有 $q=3$,导致矛盾.类似地,若 $q \mid b$,可知 $q < \pi(c)$,在引理中令 $(p,x)=(q,c)$,将会有 $q=3$,导致矛盾.所以只能是 $q \mid c$,因此 $q < \pi(a_0)$.由条件(3)知 $2^a \equiv -1 \pmod q$,故 $2^{2a} \equiv 1 \pmod q$.结合费马小定理知 $2^{(2a,q-1)} \equiv 1 \pmod q$.注意到 $q < \pi(a_0)$,故 $(q-1,a_0)=1$,所以 $(2a,q-1) \leqslant (6,q-1) \leqslant 6$.这就表明 $q \mid (2^6-1)$,于是有 $q=7$,从而有 $-1 \equiv 2^a = (2^3)^{a_0} \equiv 1 \pmod 7$,导致矛盾.所以满足条件的 a, b, c 不存在,证毕.

例 3.10 设 p 是质数,m, n 都是大于 1 的正整数,并且 $n \mid (m^{p(n-1)}-1)$,证明 $(m^{n-1}-1, n) > 1$.

证明 用反证法.假设 $(m^{n-1}-1,n)=1$,并设 $n=p_1^{\alpha_1}p_2^{\alpha_2}\cdots p_k^{\alpha_k}$ 是 n 的标准分解式,这里 $p_1 < p_2 < \cdots < p_k$,$\alpha_i \in \mathbf{N}^*$,$1 \leqslant i \leqslant k$,进一步再设 $p^\beta \| (n-1)$,这里 $\beta \in \mathbf{N}$.

由条件 $m^{p(n-1)} \equiv 1 \pmod{p_i}$,记 $\delta_i = \delta_{p_i}(m)$,$1 \leqslant i \leqslant k$,则 $\delta_i \mid p(n-1)$.又由 $(m^{n-1}-1,n)=1$ 知 $p_i \nmid (m^{n-1}-1)$,故 $\delta_i \nmid (n-1)$.因此有 $p \mid \delta_i$,进一步还能得到 $p^{\beta+1} \mid \delta_i$.事实上,若 $p^{\beta+1} \nmid \delta_i$,则可设 $p^\gamma \| \delta_i$,这里 $1 \leqslant \gamma \leqslant \beta$.于是由 β 的定义可知 $p^\gamma \mid (n-1)$.再由

$\delta_i \mid p(n-1)$ 知,$\dfrac{\delta_i}{p^\gamma} \mid p(n-1)$,注意到 $\left(p,\dfrac{\delta_i}{p^\gamma}\right)=1$,因此有 $\dfrac{\delta_i}{p^\gamma} \mid (n-1)$. 又由 $\left(p^\gamma,\dfrac{\delta_i}{p^\gamma}\right)=1$,可以得到 $\delta_i=p^\gamma \cdot \dfrac{\delta_i}{p^\gamma}$ 是 $n-1$ 的因数,导致矛盾,所以 $p^{\beta+1} \mid \delta_i$.

现在由费马小定理知 $m^{p_i-1} \equiv 1 \pmod{p_i}$,故 $\delta_i \mid (p_i-1)$,因此 $p_i \equiv 1 \pmod{p^{\beta+1}}$,$1 \leqslant i \leqslant k$. 这样就导致 $n = p_1^{\alpha_1} p_2^{\alpha_2} \cdots p_k^{\alpha_k} \equiv 1 \pmod{p^{\beta+1}}$,这与 β 的定义相矛盾,故命题得证.

3.2 原根的概念及性质

定义 3.2 设 m 是大于 1 的整数,$a \in \mathbf{Z}$,若 $(a,m)=1$,且 $\delta_m(a) = \varphi(m)$,则称 a 为模 m 的原根.

例如,-2 和 3 都是模 7 的原根,5 是模 3 及模 6 的原根,± 3 是模 10 的原根,2 是模 11 的原根.

是否对每一个大于 1 的整数 m,模 m 的原根都存在呢?为得知原根存在的充要条件,我们要导出以下一些重要结论.

定理 3.1 设 $m \notin \{1,2,4\}$,且不存在奇质数 p 及 $\alpha \in \mathbf{N}^*$,使得 $m \in \{p^\alpha, 2p^\alpha\}$,则对任意 $a \in \mathbf{Z}$,$(a,m)=1$,都有 $\delta_m(a) < \varphi(m)$,此时模 m 的原根不存在.

证明 若 $m = 2^\alpha$,$\alpha \in \mathbf{N}^*$,$\alpha \geqslant 3$,则对任意奇数 a,设 $a = 2k+1$,则
$$\begin{aligned}
a^{2^{\alpha-2}} &= (2k+1)^{2^{\alpha-2}} \equiv 1 + 2^{\alpha-2}(2k) + C_{2^{\alpha-2}}^2 (2k)^2 \\
&= 1 + 2^{\alpha-1} k + 2^{\alpha-1}(2^{\alpha-2}-1) k^2 \\
&= 1 + 2^{\alpha-1}(k + (2^{\alpha-2}-1) k^2) \\
&\equiv 1 \pmod{2^\alpha}.
\end{aligned}$$
最后一步用到 k 与 $(2^{\alpha-2}-1)k^2$ 同奇偶,从而其和为偶数,定理得证.

若 m 不是 2 的幂,且 m 为符合条件的正整数,则可设 $m = rt$,这里 $2 < r < t$ 且 $(r,t) = 1$,这时若 $(a,m) = 1$,由欧拉定理可知 $a^{\varphi(r)} \equiv 1 \pmod{r}$,$a^{\varphi(t)} \equiv 1 \pmod{t}$. 注意到当 $n > 2$ 时 $\varphi(n)$ 为偶数,因此有 $a^{\frac{1}{2}\varphi(r)\varphi(t)} \equiv 1 \pmod{rt}$,这样一来就有
$$\delta_m(a) \leqslant \frac{1}{2}\varphi(r)\varphi(t) = \frac{1}{2}\varphi(rt) = \frac{1}{2}\varphi(m) < \varphi(m).$$

定理得证.

定理 3.2 设 p 为奇质数, 则模 p 的原根存在.

证明 由性质 11, 并利用数学归纳法可知, 存在 $g \in \mathbf{Z}$ 使得
$$\delta_p(g) = [\delta_p(1), \delta_p(2), \cdots, \delta_p(p-1)],$$
这表明 $\delta_p(j) \mid \delta_p(g)$, $j = 1, 2, \cdots, p-1$. 所以, $j = 1, 2, \cdots, p-1$ 都是同余式 $x^{\delta_p(g)} \equiv 1 \pmod{p}$ 的解. 由拉格朗日定理可知 $\delta_p(g) \geq p-1$, 另由费马小定理知 $g^{p-1} \equiv 1 \pmod{p}$, 故应有 $\delta_p(g) \mid (p-1)$. 综上可知, $\delta_p(g) = p-1$, 即 g 是模 p 的原根, 证毕.

定理 3.3 设 p 为奇质数, 则模 p^α 的原根存在.

证明 (1) 先证明存在模 p 的原根 g, 使得
$$g^{p-1} \not\equiv 1 \pmod{p^2}. \tag{3.1}$$
事实上, 任取模 p 的原根 g, 若 g 不满足这个同余式, 我们说 $g+p$ 是满足该同余式的模 p 的一个原根. 首先, 可利用二项式定理及 g 是模 p 的原根的条件, 可知 $g+p$ 是模 p 的一个原根. 其次, 我们有
$$(g+p)^{p-1} \equiv g^{p-1} + p(p-1)g^{p-2} \equiv 1 - pg^{p-2} \not\equiv 1 \pmod{p^2}.$$
所以存在模 p 的原根满足式(3.1).

(2) 再证明若 g 是模 p 的满足式(3.1)的原根, 则对任意 $\alpha \in \mathbf{N}^*$, g 是模 p^α 的原根. 首先, 我们有下面的结论: 对任意 $\beta \in \mathbf{N}^*$, 都可设
$$g^{\varphi(p^\beta)} = 1 + p^\beta \cdot k_\beta. \tag{3.2}$$
这里 $p \nmid k_\beta$. 事实上, 当 $\beta = 1$ 时, 由 g 的选择可知式(3.2)成立. 现设式(3.2)对 β 成立, 则有 $g^{\varphi(p^{\beta+1})} = (g^{\varphi(p^\beta)})^p = (1 + p^\beta \cdot k_\beta)^p \equiv 1 + p^{\beta+1} \cdot k_\beta \pmod{p^{\beta+2}}$, 结合 $p \nmid k_\beta$ 可知式(3.2)对 $\beta+1$ 成立, 所以式(3.2)对 $\beta \in \mathbf{N}^*$ 都成立. 其次, 记 $\delta = \delta_{p^\alpha}(g)$, 则由欧拉定理可知 $\delta \mid p^{\alpha-1}(p-1)$. 而由 g 为模 p 的原根以及 $g^\delta \equiv 1 \pmod{p^\alpha}$ (当然更有 $g^\delta \equiv 1 \pmod{p}$) 可知 $(p-1) \mid \delta$. 所以可设 $\delta = p^{\beta-1}(p-1)$, 这里 $1 \leq \beta \leq \alpha$.

现在利用式(3.2)可知, $g^{\varphi(p^\beta)} \not\equiv 1 \pmod{p^{\beta+1}}$, 即 $g^\delta \not\equiv 1 \pmod{p^{\beta+1}}$. 又结合 $g^\delta \equiv 1 \pmod{p^\alpha}$ 可知 $\beta \geq \alpha$. 综合以上证明得到 $\beta = \alpha$, 即
$$\delta_{p^\alpha}(g) = p^{\alpha-1}(p-1) = \varphi(p^\alpha).$$
从而 g 是模 p^α 的原根. 证毕.

定理 3.4 设 p 为奇质数, $\alpha \in \mathbf{N}^*$, 则模 $2p^\alpha$ 的原根存在.

证明 设 g 是模 p^α 的原根,则 $g+p^\alpha$ 也是模 p^α 的原根. 在 g 和 $g+p^\alpha$ 中有一个为奇数,设这个奇数为 $\tilde{g}$,则 $(\tilde{g},2p^\alpha)=1$. 于是由欧拉定理知 $\delta_{2p^\alpha}(\tilde{g})=\varphi(2p^\alpha)$. 而 $(\tilde{g})^{\delta_{2p^\alpha}(\tilde{g})} \equiv 1(\bmod 2p^\alpha)$,故 $(\tilde{g})^{\delta_{2p^\alpha}(\tilde{g})} \equiv 1(\bmod p^\alpha)$.

利用 $\tilde{g}$ 为模 p^α 的原根,可得到 $\varphi(p^\alpha) \mid \delta_{2p^\alpha}(\tilde{g})$. 结合 $\varphi(p^\alpha)=\varphi(2p^\alpha)$,即可知 $\tilde{g}$ 是模 $2p^\alpha$ 的原根,证毕.

由于 $\varphi(2)=1$,故 1 是模 2 的原根. 由于 $\varphi(4)=2$,3 是模 4 的原根. 综合以上几个定理可得到以下定理.

定理 3.5 模 m 的原根存在的充要条件是: $m=2,4,p^\alpha,2p^\alpha$,其中 $\alpha \geq 1$,p 是奇质数.

以下定理给出了一个求模 p^α 及模 $2p^\alpha$ 的原根的一个方法.

定理 3.6 设 m 是大于 1 的整数,$\varphi(m)$ 的所有不同质因数是 $q_1,q_2,\cdots,q_k$,且 $(g,m)=1$,则 g 是模 m 的一个原根的充要条件是

$$g^{\frac{\varphi(m)}{q_i}} \not\equiv 1(\bmod m), i=1,2,\cdots,k.$$

证明 (1) 若 g 是模 m 的原根,则 g 对模 m 的指数是 $\varphi(m)$. 但 $0 < \frac{\varphi(m)}{q_i} < \varphi(m)$,$i=1,2,\cdots,k$,故 $g^{\frac{\varphi(m)}{q_i}} \not\equiv 1(\bmod m)$,$i=1,2,\cdots,k$.

(2) 设 g 对模 m 的指数是 δ,我们用反证法证明 $\delta=\varphi(m)$. 假定 $\delta<\varphi(m)$,则由 3.1 节指数的性质 4 知,$\delta \mid \varphi(m)$,因此 $\frac{\varphi(m)}{\delta}$ 是大于 1 的整数,它有一因数 q_i 使得 $q_i \mid \frac{\varphi(m)}{\delta}$,即 $\frac{\varphi(m)}{\delta}=q_i u$,也就是 $\frac{\varphi(m)}{q_i}=\delta u$,故 $g^{\frac{\varphi(m)}{q_i}}=(g^\delta)^u \equiv 1(\bmod m)$,这与定理条件矛盾,故 $\delta=\varphi(m)$,即 g 是模 m 的一个原根. 证毕.

例 3.11 求 $p=41$ 的原根.

解 $\varphi(41)=40=2^3 \cdot 5$,$q_1=2$,$q_2=5$,$\frac{\varphi(m)}{q_1}=\frac{40}{2}=20$,$\frac{\varphi(m)}{q_2}=\frac{40}{5}=8$,故 g 是模 41 的原根的充要条件是 $g^8 \not\equiv 1(\bmod 41)$,

$g^{20} \not\equiv 1 \pmod{41}$，$41 \nmid g$. 我们用 $a = 1, 2, \cdots$ 逐一进行验算得到 $1^8 \equiv 1 \pmod{41}$，$1^{20} \equiv 1 \pmod{41}$，$2^8 \equiv 10 \not\equiv 1 \pmod{41}$，$2^{20} \equiv 1 \pmod{41}$，$3^8 \equiv 1 \pmod{41}$，$3^{20} \equiv 40 \not\equiv 1 \pmod{41}$，$4^8 \equiv 18 \not\equiv 1 \pmod{41}$，$4^{20} \equiv 1 \pmod{41}$，$5^8 \equiv 18 \not\equiv 1 \pmod{41}$，$5^{20} \equiv 1 \pmod{41}$，$6^8 \equiv 10 \not\equiv 1 \pmod{41}$，$6^{20} \equiv 40 \not\equiv 1 \pmod{41}$. 由此得知 6 是模 41 的一个原根.

例 3.12 求 $p = 23$ 的原根及一些指数.

解 $\varphi(23) = 22 = 2 \times 11$，$q_1 = 2$，$q_2 = 11$，$\dfrac{\varphi(m)}{q_1} = 11$，$\dfrac{\varphi(m)}{q_2} = 2$，故 g 是模 23 的原根的充要条件是 $g^2 \not\equiv 1 \pmod{23}$，$g^{11} \not\equiv 1 \pmod{23}$，$23 \nmid g$. 与上题的做法一样，我们用 $a = 1, 2, \cdots$ 逐一进行验算得到 $2^2 \equiv 4 \not\equiv 1 \pmod{23}$，$2^{11} \equiv 1 \pmod{23}$，所以 $\delta_{23}(2) = 11$. $3^2 \equiv 9 \not\equiv 1 \pmod{23}$，$3^{11} \equiv 1 \pmod{23}$，所以 $\delta_{23}(3) = 11$. $4^2 \equiv 16 \not\equiv 1 \pmod{23}$，$4^{11} \equiv 1 \pmod{23}$，所以 $\delta_{23}(4) = 11$. $5^2 \equiv 2 \not\equiv 1 \pmod{23}$，$5^{11} \equiv 22 \not\equiv 1 \pmod{23}$，$\delta_{23}(5) = 22$，5 是模 23 的原根且是最小正原根.

3.3 指标及 n 次剩余

在本节里，规定模 m 取 p^α 或 $2p^\alpha$，g 是模 m 的一个原根，并令 $c = \varphi(m)$.

由 3.1 节指数的性质 2 可以直接得出以下定理：

定理 3.7 若 g 是模 m 的原根，则 $g^0, g^1, \cdots, g^{c-1}$ 两两不同余，即构成了模 m 的一个简化剩余系.

在此基础上，对于每个与模 m 互质的数引进指标的概念. 指标的概念与对数的概念有些相像，而原根则相当于对数的底.

定义 3.3 设 a 是一个整数，g 是模 m 的一个原根，若有一个整数 γ 存在，使得
$$a \equiv g^\gamma \pmod{m}, \quad \gamma \geq 0$$
成立，则 γ 叫做以 g 为底的 a 对模 m 的一个指标.

由定义我们可以看出，一般来说，a 的指标不仅与模有关，而且与原根也有关. 例如，2, 3 都是模 5 的原根，1 是以 3 为底的 3 对模 5 的一个指标，3 是以 2 为底的 3 对模 5 的一个指标. 任一与模 m 互质的整数 a，对于模 m 的任一原根 g 来说，a 的指标是存在的. 若 $(a, m) \neq 1$，则对模 m 的任一原根 g 来说，a 的指

标是不存在的.

定理 3.8 若 a 是一个与 m 互质的整数，g 是模 m 的一个原根，则对模 m 来说，a 有一个以 g 为底的指标 γ'，$0 \leq \gamma' < c$，并且以 g 为底的 a 对模 m 的一切指标是满足下列条件的一切整数
$$\gamma \equiv \gamma' (\bmod c), \quad \gamma \geq 0.$$
a 的以 g 为底的指标的模 c 最小非负剩余记作 $\mathrm{ind}_g a$（或 $\mathrm{ind} a$）.

证明 因为 $(a, m) = 1$，故由定理 3.7 知，有一整数 γ'，$0 \leq \gamma' < c$ 存在，使得
$$a \equiv g^{\gamma'} (\bmod m).$$
若 $g^\gamma \equiv a (\bmod m)$，则 $g^\gamma \equiv g^{\gamma'} (\bmod m)$. 但 g 是模 m 的一个原根，因此 g 对模 m 的指数是 c. 由 3.1 节指数的性质 3 知 $\gamma \equiv \gamma' (\bmod c)$，即 a 的任一指标都是满足定理条件的整数. 反之，若 $\gamma \equiv \gamma' (\bmod c)$，$\gamma \geq 0$，则由 3.1 节指数的性质 3 知 $g^\gamma \equiv g^{\gamma'} \equiv a (\bmod m)$，即满足定理条件的整数 γ 都是 a 的指标，故定理获证.

定理 3.9 设 g 是模 m 的一个原根，γ 是一个非负整数，则以 g 为底，对模 m 有同一指标 γ 的一切整数是模 m 的一个与模互质的剩余类.

证明 显然 $\mathrm{ind}_g g^\gamma = \gamma$，且 $(g^\gamma, m) = 1$，由指标的定义知 $\mathrm{ind}_g a = \gamma$ 的充要条件是 $a \equiv g^\gamma (\bmod m)$. 故以 g 为底对模 m 由同一指标 γ 的一切整数就是 g^γ 所在的与模互质的剩余类. 证毕.

下面还有一个与对数完全相像的指标的性质定理.

定理 3.10 若 $a_1, a_2, \cdots, a_n$ 是与 m 互质的 n 个整数，则有
$$\mathrm{ind}(a_1 a_2 \cdots a_n) \equiv \mathrm{ind}\, a_1 + \mathrm{ind}\, a_2 + \cdots + \mathrm{ind}\, a_n (\bmod c),$$
特别地有
$$\mathrm{ind}\, a^n \equiv n\, \mathrm{ind}\, a (\bmod c).$$

证明 由指标的定义知 $a_i \equiv g^{\mathrm{ind}\, a_i} (\bmod m)$，$i = 1, 2, \cdots, n$，由此有
$$a_1 a_2 \cdots a_n \equiv g^{\mathrm{ind}\, a_1 + \mathrm{ind}\, a_2 + \cdots + \mathrm{ind}\, a_n} (\bmod m),$$
故由指标定义得
$$\mathrm{ind}(a_1 a_2 \cdots a_n) \equiv \mathrm{ind}\, a_1 + \mathrm{ind}\, a_2 + \cdots + \mathrm{ind}\, a_n (\bmod c).$$
令 $a_1 = a_2 = \cdots = a_n$，则由上式可得 $\mathrm{ind}\, a^n \equiv n\, \mathrm{ind}\, a (\bmod c)$，证毕.

下面我们来讨论同余式
$$x^n \equiv a (\bmod m), \quad (a, m) = 1. \tag{3.3}$$

定义 3.4 设 m 是任意正整数，若同余式(3.3)有解，则 a 叫做对模 m 的一个 n 次剩余，若同余式(3.3)无解，则 a 叫做对模 m 的 n 次非剩余.

我们知道，对数表在对数运算中发挥了很大作用，既然指标与对数有相似之处，我们也可以造一个指标表用来判断式(3.3)是否有解；并求出解的个数以及模 m 的原根个数. 我们要造的表是对模 m 来说以某一原根为底的两个指标表，一个用来由一个数求它的指标，另一个用来由指标求它所对应的数. 在表中出现的数，只是模 m 的最小非负简化剩余系，出现的指标也只是模 $\varphi(m)$ 的最小非负剩余.

例 3.13 做出模 41 的两个指标表.

解 由例 3.11 知道，6 是模 41 的一个原根. 因此我们把 6 作为底，由实际计算得到下列以 41 为模的各同余式：

$6^0 \equiv 1$，$6^1 \equiv 6$，$6^2 \equiv 36$，$6^3 \equiv 11$，$6^4 \equiv 25$，$6^5 \equiv 27$，$6^6 \equiv 39$，$6^7 \equiv 29$，$6^8 \equiv 10$，$6^9 \equiv 19$，$6^{10} \equiv 32$，$6^{11} \equiv 28$，$6^{12} \equiv 4$，$6^{13} \equiv 24$，$6^{14} \equiv 21$，$6^{15} \equiv 3$，$6^{16} \equiv 18$，$6^{17} \equiv 26$，$6^{18} \equiv 33$，$6^{19} \equiv 34$，$6^{20} \equiv 40$，$6^{21} \equiv 35$，$6^{22} \equiv 5$，$6^{23} \equiv 30$，$6^{24} \equiv 16$，$6^{25} \equiv 14$，$6^{26} \equiv 2$，$6^{27} \equiv 12$，$6^{28} \equiv 31$，$6^{29} \equiv 22$，$6^{30} \equiv 9$，$6^{31} \equiv 13$，$6^{32} \equiv 37$，$6^{33} \equiv 17$，$6^{34} \equiv 20$，$6^{35} \equiv 38$，$6^{36} \equiv 23$，$6^{37} \equiv 15$，$6^{38} \equiv 8$，$6^{39} \equiv 7$.

由以上计算可列表如下：其中第一列代表十位数字，第一行代表个位数字. 表 3.1 用来由给定的数查它的指标，表 3.2 用来由指标查出它所对应的数.

表 3.1 由给定的数查它的指标

	0	1	2	3	4	5	6	7	8	9
0		0	26	15	12	22	1	39	38	30
1	8	3	27	31	25	37	24	33	16	9
2	34	14	29	36	13	4	17	5	11	7
3	23	28	10	18	19	21	2	32	35	6
4	20									

表 3.2 由指标查出它所对应的数

	0	1	2	3	4	5	6	7	8	9
0	1	6	36	11	25	27	39	29	10	19

	0	1	2	3	4	5	6	7	8	9
1	32	28	4	24	21	3	18	26	33	34
2	40	35	5	30	16	14	2	12	31	22
3	9	13	37	17	20	38	23	15	8	7

例如由表 3.1 可查出 34 的指标是 19，即 ind 34 = 19，10 的指标是 8，即 ind 10 = 8. 由表 3.2 可查出指标是 10 的数是 32，即 10 = ind 32，指标是 39 的数是 7，即 39 = ind 7.

指标可以用来研究同余式(3.3)有解的条件，由下列定理给出：

定理 3.11 若 $(n,c)=d$，$(a,m)=1$，则

(1) 同余式(3.3)有解(即 a 是对模 m 的 n 次剩余)的充要条件是 $d \mid \text{ind } a$，并且在有解的情况下解数是 d.

(2) 在模 m 的一个简化剩余系中，n 次剩余的个数是 $\dfrac{c}{d}$.

证明 我们先证明同余式(3.3)与下列同余式

$$n\,\text{ind } x \equiv \text{ind } a \pmod{c} \tag{3.4}$$

等价. 若式(3.3)有解，设解为 $x \equiv x_0 \pmod{m}$，则 $x_0^n \equiv a \pmod{m}$，由定理 3.10 即得

$$n\,\text{ind}\,x_0 \equiv \text{ind } x_0^n \equiv \text{ind } a \pmod{c}.$$

反之，若有一整数 x_0 适合式(3.4)，则由定理 3.10 及定理 3.9 得 $x_0^n \equiv a \pmod{m}$，即 $x \equiv x_0 \pmod{m}$ 是式(3.3)的解.

(1) 我们知道，若 g 是模 m 的一个原根，则 $g^0, g^1, \cdots, g^{c-1}$ 是模 m 的一个简化剩余系. 因而对任一整数 X，同余式 $X \equiv \text{ind } x \pmod{c}$ 总是有解 x，故式(3.4)有解的充要条件是 $nX \equiv \text{ind } a \pmod{c}$ 有解. 但由第 2 章一次同余式有解的充要条件知上式有解的充要条件是 $d \mid \text{ind } a$. 这也是式(3.3)有解的充要条件. 若式(3.3)有解，则有 $d \mid \text{ind } a$，同样由一次同余式有关结论知 $nX \equiv \text{ind } a \pmod{c}$ 有 d 个解，故式(3.3)及式(3.4)均有 d 个解.

(2) 由(1)知对模 m 的 n 次剩余的个数是序列 $0, 1, 2, \cdots, c-1$ 中 d 的倍数的个数，故 n 次剩余的个数是 $\dfrac{c}{d}$.

定理 3.12 a 是对模 m 的 n 次剩余的充要条件是 $a^{\frac{c}{d}} \equiv 1 \pmod{m}$，$d = (n, c)$.

证明 由定理 3.11 知，a 是对模 m 的 n 次剩余的充要条件是 $\mathrm{ind}\, a \equiv 0 (\bmod\ d)$，由第 2 章同余性质及条件 $d=(n,c)$ 知，定理的充要条件就是 $\frac{c}{d}\mathrm{ind}\, a \equiv 0 (\bmod\ c)$，也就是 $a^{\frac{c}{d}} \equiv 1 (\bmod\ m)$，证毕.

例 3.14 判断同余式 $x^8 \equiv 23 (\bmod\ 41)$ 是否有解.

解 该同余式中，$n=8$，$c=\varphi(41)=40$，故 $d=(8,40)=8$. 由指标表知 $\mathrm{ind}\, 23 = 36$，因 $8 \nmid 36$，故此同余式无解.

例 3.15 判断同余式 $x^{12} \equiv 37 (\bmod\ 41)$ 是否有解，若有解求出其解.

解 该同余式中，$n=12$，$d=(12,40)=4$，再由指标表可知 $\mathrm{ind}\, 37 = 32$，$4 \mid 32$，故由定理 3.11 知同余式有 4 解. 由定理 3.11 的证明知该同余式与 $12\mathrm{ind}\, x \equiv \mathrm{ind}\, 37 (\bmod\ 40)$，即 $3\mathrm{ind}\, x \equiv 8 (\bmod\ 10)$ 等价. 解一次同余式得到 4 个解：$\mathrm{ind}\, x \equiv 6, 16, 26, 36 (\bmod\ 40)$. 查指标表即得同余式的 4 个解是 $x \equiv 39, 18, 2, 23 (\bmod\ 41)$.

例 3.16 求对模 41 的 4 次剩余的个数.

解 由实际计算可知，在模 41 的最小非负完全剩余系中，对模 41 的 4 次剩余（由定理 3.11 知也是 12 次，28 次，36 次，…剩余）是

$$1, 4, 10, 16, 18, 23, 25, 31, 37, 40,$$

即对模 41 的 4 次剩余的个数是 10 个. 由定理 3.11 也可以知道，对模 41 的 4 次剩余的个数是 $\frac{40}{(40,4)} = 10$.

下面的定理将把指数、指标、原根之间的关系；以及原根的个数作进一步的讨论.

定理 3.13 若 $(a,m)=1$，则 a 是模 m 的指数 $\delta = \dfrac{c}{(\mathrm{ind}\, a, c)}$. 特别地，$a$ 是模 m 的一个原根的充要条件是 $(\mathrm{ind}\, a, c)=1$.

证明 因为 δ 是 a 对模 m 的指数，故 $a^\delta \equiv 1 (\bmod\ m)$. 由定理 3.10 知 $\delta\,\mathrm{ind}\, a \equiv 0 (\bmod\ c)$. 但由指数的性质 4 知 $\delta \mid c$，再由同余的性质即得 $\mathrm{ind}\, a \equiv 0 \left(\bmod\ \dfrac{c}{\delta}\right)$，即 $\dfrac{c}{\delta} \mid \mathrm{ind}\, a$，而 $\dfrac{c}{\delta} \mid c$，故 $\dfrac{c}{\delta}$ 是 $\mathrm{ind}\, a$ 与 c 的一个公因数. 因此 $\dfrac{c}{\delta} \leqslant (\mathrm{ind}\, a, c)$，即 $\dfrac{c}{(\mathrm{ind}\, a, c)} \leqslant \delta$. 令 $d=(\mathrm{ind}\, a, c)$，则 $\mathrm{ind}\, a \equiv 0 (\bmod\ d)$. 再由 $d \mid c$ 及同余性质即得 $\dfrac{c}{d}\mathrm{ind}\, a \equiv 0 (\bmod\ c)$. 再根据定理 3.9，定理 3.10 得到 $a^{\frac{c}{d}} \equiv$

$1 \pmod{m}$. 但 δ 是满足同余式 $a^t \equiv 1 \pmod{m}$ 的最小正整数,故 $\delta \leqslant \dfrac{c}{d} = \dfrac{c}{(\text{ind }a, c)}$. 由上面得到的两个不等式可知 $\delta = \dfrac{c}{(\text{ind }a, c)}$. 若 a 是模 m 的一个原根,则 $\delta = c$,从上面推出的等式得 $(\text{ind }a, c) = 1$. 反之,若 $(\text{ind }a, c) = 1$,则 a 对模 m 的指数是 c,即 a 是模 m 的原根. 证毕.

> **定理 3.14** 在模 m 的简化剩余系中,指数是 δ 的整数的个数是 $\varphi(\delta)$ 个,特别地,在模 m 的简化剩余系中,原根的个数是 $\varphi(c)$ 个.

证明 设在模 m 的简化剩余系中,指数是 δ 的整数的个数是 T,则由定理 3.13 知,T 等于在模 m 的简化剩余系中满足条件 $(\text{ind }a, c) = \dfrac{c}{\delta}$ 的 a 的个数. 由于当 x 取遍模 m 的简化剩余系时,$\text{ind }x$ 取遍模 c 的完全剩余系,故 T 等于满足条件

$$(y, c) = \dfrac{c}{\delta},\ 0 \leqslant y < c$$

的整数 y 的个数. 令 $y = \dfrac{c}{\delta} u$,则 T 等于满足条件

$$(u, \delta) = 1,\ 0 < u < \delta$$

的整数 u 的个数,故 $T = \varphi(\delta)$.

特别地,在模 m 的简化剩余系中,指数是 c 的整数的个数是 $\varphi(c)$,由原根的定义即知原根的个数是 $\varphi(c)$. 证毕.

例 3.17 求出在模 41 的简化剩余系中,指数是 10 的数的个数.

解 在模 41 的简化剩余系中,指数是 10 的数 a 满足条件

$$(\text{ind }a, 40) = \dfrac{40}{10} = 4.$$

经计算及查指标表可知,$a = 4, 23, 25, 31$,即指数是 10 的数的个数是 $4 = \varphi(10)$.

例 3.18 求出在模 41 的简化剩余系中,原根的个数.

解 在模 41 的简化剩余系中,原根是适合条件 $(\text{ind }a, 40) = 1$ 的数 a,即

$\text{ind }a = 1, 3, 7, 9, 11, 13, 17, 19, 21, 23, 27, 29, 31, 33, 37, 39$.

经查指标表可知 $a = 6, 11, 29, 19, 28, 24, 26, 34, 35, 30, 12, 22, 13, 17, 15, 7$,即在模 41 的简化剩余系中,原根的个数是 $16 = \varphi(40)$.

指数、原根、指标是数论中的重要概念,在解决许多数论问题中都非常有用. 在闵嗣鹤、严士健先生编著的"初等数论"一书

中的附录部分，给出了 4000 以内质数及其最小原根表(见参考文献[1]).

习题 3

1. 证明指数性质 8，若 $n \mid m$，则 $\delta_n(a) \mid \delta_m(a)$.

2. 设 p 是奇质数，证明 $\delta_p(a)=2$ 的充要条件是 $a \equiv -1 \pmod{p}$，这个结论对于合数模成立吗？

3. 设 p 为质数，$a \in \mathbf{N}^*$，证明若 $\delta_p(a)=3$，则 $\delta_p(a+1)=6$.

4. 设 n 为给定的正整数，求最小正整数 m，使得 $2^m \equiv 1 \pmod{5^n}$.

5. 设 p 为奇质数，且 $p \equiv 2 \pmod{3}$，记集合
$$S=\{y^2-x^2-1 \mid x,y \in \mathbf{Z}, 0 \leqslant x,y \leqslant p-1\},$$
证明 S 中至多有 $p-1$ 个元素是 p 的倍数.

6. 设 $m=5,11,12,13,14,15,17,19,20$，列出模 m 的指数表.

7. 求 $\delta_{41}(10)$，$\delta_{43}(7)$，$\delta_{55}(2)$.

8. 若 $\delta_m(a)=m-1$，证明 m 是质数.

9. 设质数 $p \equiv 1 \pmod{4}$，若 g 是模 p 的原根，证明 $-g$ 也是模 p 的原根.

10. 若质数 $p \equiv 3 \pmod{4}$，则 g 是模 p 的原根的充要条件是
$$\delta_p(-g)=\frac{p-1}{2}.$$

11. 试求模 11，13，17，19，31 的最小正原根.

12. 求模 7^2 的全部原根.

13. 若 n，a 均为正整数，且 $a \geqslant 2$，证明 $n \mid \varphi(a^n-1)$.

14. 写出模 37 的全部 8 次剩余和 15 次剩余.

15. 设 p 为质数，$p \equiv 2 \pmod{3}$，a，b 均为整数，证明 $a^3 \equiv b^3 \pmod{p}$ 当且仅当 $a \equiv b \pmod{p}$.

16. 设 $p=5,7,11,17,31$，试求一个 g，它是模 p 的原根，但不是模 p^2 的原根.

17. 设 $q_1,q_2,\cdots,q_k$ 是 $\varphi(m)$ 的所有不同质因数，证明 g 是模 m 的一个原根的充要条件是，g 是对模 m 的 $q_i(i=1,2,\cdots,k)$ 次非剩余.

18. 证明 10 是模 17 及模 257 的原根.

19. 利用指标表解同余式 $x^{15} \equiv 14 \pmod{41}$.

20. 设模 $m(m>2)$ 的原根是存在的，证明对模 m 的任一原根来说，-1 的指标总是 $\frac{1}{2}\varphi(m)$.

21. 设 g，g_1 是模 m 的两个原根，证明 $\mathrm{ind}_{g_1}g \cdot \mathrm{ind}_g g_1 \equiv 1 \pmod{\varphi(m)}$.

第 4 章
关于不定方程的整数解及其解数的讨论

不定方程是数论中一个重要的分支. 所谓不定方程就是未知数个数多于方程个数的方程(或方程组). 不定方程解的范围可以是有理数域、整数环, 或某一代数数域上的代数整数环. 本文讨论的是不定方程的整数解.

4.1 n 元一次不定方程的常用解法

n 元一次不定方程是可以写成如下形式的方程

$$a_1x_1+a_2x_2+\cdots+a_nx_n=b, \tag{4.1}$$

其中 $a_1,a_2,\cdots,a_n,b$ 都是整数, 并且不失一般性地可以假定 $a_1, a_2,\cdots,a_n$ 都不等于零.

二元一次不定方程的一般形式是

$$ax+by=c, \tag{4.2}$$

其中 a, b, c 都是整数且 a, b 都不是零.

> **定理 4.1** 不定方程(4.2)有解的充要条件是 $(a,b)\mid c$. 设 $(a,b)=d$, $a=a_1d$, $b=b_1d$, $c=c_1d$, 若式(4.2)有一特解 x_0, y_0, 则式(4.2)的一切整数解可以表示成
>
> $$x=x_0-b_1t, \quad y=y_0+a_1t, \quad t=0,\pm 1,\pm 2,\cdots. \tag{4.3}$$
>
> 解不定方程(4.2)时, 只需求解其同解方程 $a_1x+b_1y=c_1$ 即可.

证明 先证明不定方程(4.2)有解的充要条件是 $(a,b)\mid c$. 若方程(4.2)有一整数解 x_0, y_0, 则 $ax_0+by_0=c$, 但 (a,b) 整除 a 和 b, 因而 (a,b) 也整除 c, 条件的必要性得证.

反之, 若 $(a,b)\mid c$, 设 $c=c_1(a,b)$, 则由第 1 章定理 1.2 知, 存在两个整数 s, t 满足 $as+bt=(a,b)$, 将上式两端同乘 c_1, 令 $x_0=sc_1$, $y_0=tc_1$, 即得 $ax_0+by_0=c$, 故方程(4.2)有整数解 x_0, y_0. 方程(4.2)有解的充要条件证毕.

将式(4.3)解带入不定方程(4.2)中, 经验证满足方程, 这就

表明对任何参数 t，式(4.3)是方程(4.2)的解.

设 x'，y' 是方程(4.2)的任一解，则 $ax'+by'=c$，与等式 $ax_0+by_0=c$ 两端相减就得到
$$a(x'-x_0)+b(y'-y_0)=0.$$
将 $a=a_1d$，$b=b_1d$ 代入上式得到
$$a_1(x'-x_0)=-b_1(y'-y_0).$$
由于 $d=(a,b)$，故 $(a_1,b_1)=1$，由第 1 章整数的整除理论知道 $a_1\mid(y'-y_0)$，即 $y'=y_0+a_1t$，将 y' 值带入上式就可求出 $x'=x_0-b_1t$. 因此方程(4.2)的任一解均可由式(4.3)表出.

与二元一次不定方程有解的充要条件类似，关于 n 元一次不定方程有以下定理(证明略).

定理 4.2 n 元一次不定方程(4.1)有解的充要条件是 $(a_1,a_2,\cdots,a_n)\mid b$，其中 $(a_1,a_2,\cdots,a_n)$ 是 $a_1,a_2,\cdots,a_n$ 的最大公因数.

解 n 元一次不定方程(4.1)时，可将方程(4.1)转化为 $n-1$ 个二元一次不定方程构成的方程组(4.4)，解此方程组即可.

$$\begin{cases} a_1x_1+a_2x_2=d_2t_2, \\ d_2t_2+a_3x_3=d_3t_3, \\ \vdots \\ d_{n-2}t_{n-2}+a_{n-1}x_{n-1}=d_{n-1}t_{n-1}, \\ d_{n-1}t_{n-1}+a_nx_n=N, \end{cases} \quad (4.4)$$

其中 $(a_1,a_2)=d_2$，$(d_2,a_3)=d_3$，$\cdots$，$(d_{n-2},a_{n-1})=d_{n-1}$，求解时首先求出最后一个二元一次不定方程的解，将参数 t_{n-1} 的值代入上一个二元一次不定方程中去求解，这样一直做下去就可求出方程(4.1)的一切整数解. 由此可见，掌握了求解二元一次不定方程(4.2)的方法，就可以解任意 n 元一次不定方程.

4.2 二元一次不定方程特解的求法

求二元一次不定方程的特解可以用观察法、辗转相除法、参数法、矩阵变换法和同余式法等方法.

4.2.1 用观察法求特解

若不定方程(4.2)中未知数的系数 a，b 及常数 c 较小，或较容易看出它们之间的关系，则可用观察法求出其特解.

例 4.1 求不定方程 $5x-7y=17$ 的一切整数解.

解 可以看出该不定方程有特解 $x=2$，$y=-1$，不定方程的一切整数解为 $x=2+7t$，$y=-1+5t$，$t=0,\pm1,\pm2,\cdots$.

4.2.2 用辗转相除法求特解

定理 4.3 设 a，b 是任意两个整数且 $b\neq 0$，对于定义 1.2 中的辗转相除法有以下结论：$Q_k a - P_k b = (-1)^{k-1} r_k$，其中 $P_0=1$，$P_1=q_1$，$P_k=q_k P_{k-1}+P_{k-2}$；$Q_0=0$，$Q_1=1$，$Q_k=q_k Q_{k-1}+Q_{k-2}$，$k=1,2,\cdots,n$.

证明 当 $k=1$ 时，结论显然成立，就是辗转相除法中的第一式；

当 $k=2$ 时，由辗转相除法中的第二式知
$$-r_2 = r_1 q_2 - b = (a-bq_1)q_2 - b = aq_2 - b(1+q_1 q_2),$$
但 $1+q_1 q_2 = q_2 P_1 + P_0$，$q_2 = q_2\cdot 1+0 = q_2 Q_1 + Q_0$. 因而有
$$(-1)^{2-1} r_2 = a(q_2 Q_1 + Q_0) - b(q_2 P_1 + P_0)$$
$$= Q_2 a - P_2 b.$$

假设对于 $k\geq 2$ 的一切正整数定理结论都成立，则
$$(-1)^{(k+1)-1} r_{k+1} = (-1)^2((-1)^{k-2} r_{k+1})$$
$$= (-1)^{k-2}(r_{k-1} - r_k q_{k+1})$$
$$= (-1)^{k-2} r_{k-1} + (-1)^{k-1} r_k q_{k+1}$$
$$= (Q_{k-1}a - P_{k-1}b) + (Q_k a - P_k b)q_{k+1}$$
$$= (q_{k+1}Q_k + Q_{k-1})a - (q_{k+1}P_k + P_{k-1})b$$
$$= Q_{k+1}a - P_{k+1}b,$$

由归纳法定理结论成立，证毕.

如果不定方程 (4.2) 有解，根据定理 4.1 我们总可以把方程 (4.2) 化简，使得未知数 x，y 的系数互质. 以下不妨假设不定方程 (4.2) 满足 $(a,b)=1$，则 a，b 经辗转相除后 $r_n=1$，由定理 4.3 知 $Q_n a - P_n b = (-1)^{n-1} r_n$，于是 $a((-1)^{n-1}Q_n) + b((-1)^n P_n) = 1$. 因此，$x_0 = (-1)^{n-1}Q_n$，$y_0 = (-1)^n P_n$，就是不定方程 $ax+yb=1$ 的一个特解. 从而 $(-1)^{n-1}Q_n C$ 和 $(-1)^{n-1}QP_n C$ 就是方程 (4.2) 的一个特解.

例 4.2 求不定方程 $111x-321y=75$ 的一切整数解.

解 因为 $(111,321)=3$，$3\mid 75$，不定方程有解，求其同解方程 $37x-107y=25$，用辗转相除法求特解：$107=37\times 2+33$，$37=33\times 1+4$，$33=4\times 8+1$，所求得的商是 $q_1=2$，$q_2=1$，$q_3=8$，利用定理

4.3 递推公式可求出特解 $x_0=-26\times25$，$y_0=-9\times25$，不定方程的一切整数解为 $x=-26\times25+107t$，$y=-9\times25+37t$，$t=0,\pm1,\pm2,\cdots$.

4.2.3 用参数法求特解

先解出系数绝对值较小的那个未知数，将其写成整数部分与分数部分之和的形式．令分数部分是一个新的参数，于是又得到了一个新的不定方程，此方程未知数系数的绝对值比原方程未知数系数的绝对值小，如此下去可以很容易观察出方程的特解来.

例 4.3 求不定方程 $107x+37y=25$ 的一切整数解.

解 由给定的方程可以得到 $y=\dfrac{25-107x}{37}=-2x+\dfrac{25-33x}{37}=-2x+y'$，其中 $y'=\dfrac{25-33x}{37}$ 应该是整数，故得到一个新的不定方程

$$37y'+33x=25. \qquad (4.5)$$

由这个不定方程可以得到 $x=\dfrac{25-37y'}{33}=-y'+\dfrac{25-4y'}{33}=-y'+x'$，仿照上述做法令 $x'=\dfrac{25-4y'}{33}$，又可以得到一个新的不定方程

$$33x'+4y'=25. \qquad (4.6)$$

又由这个不定方程得到 $y'=\dfrac{25-33x'}{4}=6-8x'+\dfrac{1-x'}{4}=6-8x'+y''$，令 $y''=\dfrac{1-x'}{4}$，又得到最后一个新的不定方程

$$x'+4y''=1. \qquad (4.7)$$

很容易看出这个不定方程的特解是 $x'_0=1$，$y''_0=0$，它的一切解是 $x'=1-4t$，$y''=t$. 将这个解代入方程(4.6)，求出方程(4.6)的一切解是 $x'=1-4t$，$y'=6-8x'+y''=-2+33t$，再把这个解代入方程(4.5)，求出方程(4.5)的一切解是 $y'=-2+33t$，$x=-y'+x'=3-37t$，再由 $y=-2x+y'=-8+107t$，就求出了原不定方程的一切整数解

$$x=3-37t,\ y=-8+107t,\ t=0,\pm1,\cdots.$$

4.2.4 用矩阵变换法求特解

可以先写出矩阵 $\begin{pmatrix}1 & 0 & a\\ 0 & 1 & b\end{pmatrix}$，然后对此矩阵施行行初等变换得到一个形如 $\begin{pmatrix}1 & 0 & a\\ * & * & c\end{pmatrix}$ 的矩阵，该矩阵 * 所在位置的数就是不定

方程的特解.

例 4.4 求不定方程 $3x+29y=10$ 的一切整数解.

解 用矩阵变换法，$\begin{pmatrix} 1 & 0 & 3 \\ 0 & 1 & 29 \end{pmatrix} \rightarrow \begin{pmatrix} 1 & 0 & 3 \\ -8 & 1 & 5 \end{pmatrix} \rightarrow \begin{pmatrix} 1 & 0 & 3 \\ -16 & 2 & 10 \end{pmatrix}$，

从最后一个矩阵的第二行可以看出此不定方程的特解是 $x=-16$，$y=2$，该不定方程的一切整数解就是 $x=-16-29t$，$y=2+3t$，$t=0$，$\pm 1, \pm 2, \cdots$.

4.2.5 用同余方法求特解

只要将方程(4.2)转化为解同余式 $ax \equiv c \pmod{b}$ 即可.

例 4.5 求不定方程 $141x-369y=21$ 的一切整数解.

解 因为 $(141,369)=3$，$3 \mid 21$，此不定方程有解，解其同解方程 $47x-123y=7$，解该不定方程相当于解一次同余式 $47x \equiv 7 \pmod{123}$，利用同余的性质得到 $47x \equiv 7 \equiv 376 \pmod{123}$，直接消去 x 的系数得到 $x \equiv 8 \pmod{123}$，这就是不定方程的一个特解 $x_0=8$，将此特解代入原不定方程就可以求出另一个特解 $y_0=3$，不定方程的一切整数解就是 $x=8+123t$，$y=3+47t$，$t=0, \pm 1, \pm 2, \cdots$.

4.3 利用矩阵解多元一次不定方程及多元一次不定方程组

利用矩阵可以较方便地求出多元一次不定方程及多元一次不定方程组的解. 对于 n 元一次不定方程(4.1)，设 $d=(a_1,a_2,\cdots,a_n)$，则由定理 4.1 知，方程(4.1)有解的充要条件是 $d \mid b$. 设 $1 \times n$ 矩阵 $\boldsymbol{A}=(a_1 \ a_2 \ \cdots \ a_n)$，$1 \times n$ 矩阵 $\boldsymbol{B}=(d \ 0 \ \cdots \ 0)$，设 $(n+1) \times n$ 矩阵 $\boldsymbol{C}=\begin{pmatrix} \boldsymbol{A} \\ \boldsymbol{I}_n \end{pmatrix}$，其中 $\boldsymbol{I}_n$ 是 n 阶单位矩阵. 对矩阵 $\boldsymbol{C}$ 施行一系列初等列变换(不含列的倍数变换)，将其变为 $\begin{pmatrix} \boldsymbol{B} \\ \boldsymbol{P} \end{pmatrix}$，则方程(4.1)的所有整数解为

$$(x_1 \ x_2 \ \cdots \ x_n)^{\mathrm{T}} = \boldsymbol{P} \left(\frac{b}{d} \ u_1 \ \cdots \ u_{n-1} \right)^{\mathrm{T}}.$$

也可以设 $n \times 1$ 矩阵 $\boldsymbol{D}=(a_1 \ a_2 \ \cdots \ a_n)^{\mathrm{T}}$，设 $n \times 1$ 矩阵 $\boldsymbol{E}=(d \ 0 \ \cdots \ 0)^{\mathrm{T}}$，设 $n \times (n+1)$ 矩阵 $\boldsymbol{F}=(\boldsymbol{D} \ \boldsymbol{I}_n)$，其中 $\boldsymbol{I}_n$ 是 n 阶单位矩阵. 对矩阵 $\boldsymbol{F}$ 施行一系列行初等变换(不含行的倍数变换)，将其变为矩阵 $(\boldsymbol{E} \ \boldsymbol{Q})$，则不定方程(4.1)的所有整数解为

$$(x_1 \ x_2 \ \cdots \ x_n) = \left(\frac{b}{d} \ u_1 \ \cdots \ u_{n-1} \right) \boldsymbol{Q}.$$

例 4.6 把 $\dfrac{17}{60}$ 写成分母两两互质的三个既约分数之和.

解 依照题意列出不定方程 $\dfrac{17}{60}=\dfrac{x}{3}+\dfrac{y}{4}+\dfrac{z}{5}$，即 $20x+15y+12z=17$，因为 $d=(20,15,12)=1$，此不定方程有解，作矩阵 $C=\begin{pmatrix}20&15&12\\1&0&0\\0&1&0\\0&0&1\end{pmatrix}$，对其施行一系列初等列变换变为 $\begin{pmatrix}1&0&0\\5&-3&-12\\-5&4&12\\-2&0&5\end{pmatrix}$，

该不定方程的解为 $\begin{pmatrix}x\\y\\z\end{pmatrix}=\begin{pmatrix}5&-3&-12\\-5&4&12\\-2&0&5\end{pmatrix}\begin{pmatrix}17\\u_1\\u_2\end{pmatrix}$，即 $x=85-3u_1-12u_2$，$y=-85+4u_1+12u_2$，$z=-34+5u_2$ $(u_1,u_2\in\mathbf{Z})$ 是不定方程的一切整数解，当参数 $u_1=0$，$u_2=7$ 时，$x=1$，$y=-1$，$z=1$，显然有 $\dfrac{17}{60}=\dfrac{1}{3}-\dfrac{1}{4}+\dfrac{1}{5}$.

例 4.7 求不定方程 $3x_1+5x_2+4x_3-11x_4=10$ 的一切整数解.

解 因为 $d=(3,5,4,11)=1$，此不定方程有解，作矩阵 $F=\begin{pmatrix}3&1&0&0&0\\5&0&1&0&0\\4&0&0&1&0\\-11&0&0&0&1\end{pmatrix}$，对其施行一系列初等行变换变为

$\begin{pmatrix}1&1&-2&2&0\\0&-5&11&-10&0\\0&-4&8&-7&0\\0&1&0&2&1\end{pmatrix}$，该不定方程的解为

$(x_1\ x_2\ x_3\ x_4)=(10\ u_1\ u_2\ u_3)\begin{pmatrix}1&-2&2&0\\-5&11&-10&0\\-4&8&-7&0\\1&0&2&1\end{pmatrix}$

$=(10-5u_1-4u_2+u_3\quad -20+11u_1+8u_2\quad 20-10u_1-7u_2+2u_3\quad u_3)$.

4.4 n 元一次不定方程的解数

以上给出了求解 n 元一次不定方程一切整数解的解法．在实际问题中若限定了未知数的范围，则需要讨论其解数．在二元一

次不定方程(4.2)中,可以通过参数 t 的取值来确定不定方程的解数.

例如,若限定 x, y 均为非负整数,则由 $x_0 - b_1 t \geq 0$, $y_0 + a_1 t \geq 0$ 就可以解出 $-\dfrac{y_0}{a_1} \leq t \leq \dfrac{x_0}{b_1}$,$t$ 在上述范围内所取整数的个数即为不定方程(4.2)的解数.

例 4.8 粮库内的面粉每袋25kg,大米每袋40kg. 用装载量为5t的货车拉运这批粮食,要求每车装满5t,问有多少种不同的装载方式? 当满载且一车中的面粉和大米质量之差最小时,各装了多少袋?

解 设满载一车中装载了面粉 x 袋,装载了大米 y 袋,依照题意得下列不定方程:
$$25x + 40y = 5000;$$
解此不定方程得到 $x = 40 - 8t$,$y = 100 + 5t$,$t = 0, \pm 1, \pm 2, \cdots$.

由题意知 $x \geq 0$,$y \geq 0$,由此得到 $-20 \leq t \leq 5$,即 $t = -20, -19, \cdots, 4, 5$,由参数 t 的取值可知共有 26 种不同的装载方式.

满载一车中的面粉、大米质量之差为
$$|25x - 40y| = |25(40 - 8t) - 40(100 + 5t)| = |3000 + 400t|.$$
当 $t = -7$ 或 -8 时其差最小,此时 $x = 96$,$y = 65$,或 $x = 104$,$y = 60$ 即每车装载 96 袋面粉、65 袋大米或每车装载 104 袋面粉、60 袋大米时,每车装载的面粉与大米质量之差最小.

关于 n 元一次不定方程(4.1)在未知数限定范围内的解数可以利用组合数学中生成函数求出,也可以利用整数的分拆原理求出.

定理 4.4 若以 $M_k (k = 1, 2, \cdots, n)$ 表示不定方程 $x_1 + x_2 + \cdots + x_n = r$ 中未知数 x_k 的可取值所成的集合,以 a_r 表示方程 $x_1 + x_2 + \cdots + x_n = r$ 满足条件 $x_k \in M_k$ 的解的个数,则 a_r 就是 $A(t) = \prod\limits_{k=1}^{n} \sum\limits_{j_k \in M_k} t^{j_k}$ 的展开式中 t^r 的系数.

定理 4.4 的证明见参考文献[8],或有关组合数学教材.

例 4.9 求不定方程 $x_1 + x_2 + x_3 = 14$ 满足 $x_1 \leq 8$,$x_2 \leq 8$,$x_3 \leq 8$ 的非负整数解的个数.

解 设所求的解的个数为 N,则 N 就是
$$A(t) = (1 + t + t^2 + \cdots + t^8)^3$$
展开式中 t^{14} 的系数,而 $A(t) = \left(\dfrac{1 - t^9}{1 - t}\right)^3 = (1 - t^9)^3 (1 - t)^{-3}$

$$= (1 - 3t^9 + 3t^{18} - t^{27}) \sum_{k=0}^{\infty} C_{k+2}^2 t^k.$$

所以 $N = C_{14+2}^2 - 3C_{5+2}^2 = C_{16}^2 - 3C_7^2 = 120 - 3 \times 21 = 57$，即满足条件的解的个数是 57.

例 4.10 求不定方程 $x_1 + 2x_2 + 4x_3 = 17$ 的非负整数解的个数.

解 设所求解的个数为 N，则 N 是

$$A(t) = (t + t^3 + t^5 + \cdots)(1 + t^2 + t^4 + \cdots)(1 + t^4 + t^8 + \cdots)$$

的展式中 t^{17} 的系数，且

$$A(t) = t(1 - t^2)^{-2}(1 - t^4)^{-1} = t(1 + t^2)^2(1 - t^4)^{-3}$$

$$= (t + 2t^3 + t^5) \sum_{k=0}^{\infty} C_{k+2}^2 t^{4k}.$$

因为 $1 + 4k = 17$ 的解为 $k = 4$，$3 + 4k = 17$ 无整数解，$5 + 4k = 17$ 的解为 $k = 3$ 所以 $N = C_{4+2}^2 + C_{3+2}^2 = 15 + 10 = 25$，即不定方程在解的限制范围内共有 25 组解.

4.5 勾股方程 $x^2 + y^2 = z^2$ 的一般整数解

三元二次不定方程

$$x^2 + y^2 = z^2 \tag{4.8}$$

称为勾股方程或欧几里得方程. 为了给出方程(4.8)的一般整数解，需做以下三个假定.

假定 1：$x > 0$，$y > 0$，$z > 0$. 显然 $x = y = z = 0$ 是方程(4.8)的一组整数解，另外 $x = 0$，$y = \pm z$ 或 $y = 0$，$x = \pm z$，也是方程(4.8)的解，除此之外若方程(4.8)的每一组解都不包含零，要求出方程(4.8)的一切非零解，只须求一切正整数解就够了，因此可以假定 $x > 0$，$y > 0$，$z > 0$.

假定 2：$(x, y) = 1$. 如果 $(x, y) = d > 1$，则 $d^2 \mid (x^2 + y^2)$，即 $d^2 \mid z^2$，从而有 $d \mid z$，此时就可从方程(4.8)的两端约去 d. 从另一方面考虑，如果求出方程(4.8)的一组满足 $(x, y) = 1$ 的解，那么将这组解乘任意整数 d，所得到的仍然是方程(4.8)的一组解，因此可以假定 $(x, y) = 1$.

假定 3：x 是偶数，y 是奇数. 因为 $(x, y) = 1$，所以 x，y 不能同为偶数，若 x，y 同为奇数，由 1.1 节知可以假设 $x^2 = 4n_1 + 1$，$y^2 = 4n_2 + 1 (n_1, n_2 \in \mathbf{N})$，此时 $x^2 + y^2 = 4(n_1 + n_2) + 2 = z^2$. 这也是不可能的(因为任意整数的平方只能是 $4n$ 或 $4n+1$ 的形式)，因此 x，y 必定是一奇一偶，不妨假定 x 是偶数，y 是奇数. 在以上三个假定下，勾股方程(4.8)的一切正整数解由定理 4.4 给出.

定理4.5 勾股方程(4.8)适合条件 $x>0$，$y>0$，$z>0$，$(x,y)=1$，$2\mid x$ 的一切正整数解可以表示成 $x=2ab$，$y=a^2-b^2$，$z=a^2+b^2$，其中 $a>b>0$，$(a,b)=1$，a，b 一奇一偶.

若 x，y，z 是方程(4.8)的一组解（不妨设 $0<x<y<z$），我们称这是一组勾股数. 100 以内的勾股数共有 52 组，其中 $z=65$ 的勾股数有 4 组：

$(39,52,65)$，$(25,60,65)$，$(33,56,65)$，$(16,63,65)$.

$z=85$ 的勾股数有 4 组：

$(51,68,85)$，$(40,75,85)$，$(13,84,85)$，$(36,77,85)$.

4.6 二次及二次以上高次不定方程的初等解法

解高次不定方程是数论中一个非常困难和复杂的课题. 在初等范围内，解高次不定方程的基本方法有同余法，分解法和估计法.

4.6.1 同余法

首先介绍不定方程和同余方程之间的关系.

设 $f(x_1,x_2,\cdots,x_n)$ 是 n 元整系数多项式，不定方程

$$f(x_1,x_2,\cdots,x_n)=0 \tag{4.9}$$

所对应的同余方程为

$$f(x_1,x_2,\cdots,x_n)\equiv 0(\bmod\ m). \tag{4.10}$$

定理4.6 若不定方程(4.9)有整数解，则对于任意给定的整数 $m>1$，同余方程(4.10)有整数解.

需要指出的是，该定理是不定方程(4.9)有整数解的必要条件. 如果同余方程(4.10)对所有的整数 $m>1$ 有整数解，不定方程(4.9)也不一定有整数解.

例 4.11 求不定方程 $x^2+y^2-4z^2-3=0$ 的整数解.

解 取模 $m=4$，考察所对应的同余方程 $x^2+y^2-4z^2-3\equiv 0(\bmod\ 4)$，即

$$x^2+y^2\equiv 3(\bmod\ 4).$$

由于任何一个偶数的平方都和 0 对模 4 同余，任何一个奇数的平方都和 1 对模 4 同余，这样 x^2+y^2 就和 0，1 或 2 对模 4 同余，显然 $x^2+y^2\equiv 3(\bmod\ 4)$ 无整数解，从而原不定方程无整数解.

例 4.12 求不定方程 $x^2+y^2+z^2-2xyz=0$ 的整数解.

解 由 $x^2+y^2+z^2 \equiv 0 \pmod 2$,可知 x,y,z 中必有偶数,从而 $2xyz$ 是 4 的倍数,即 $x^2+y^2+z^2 \equiv 0 \pmod 4$,由此可知 x,y,z 必然均为偶数. 令 $x=2x'$,$y=2y'$,$z=2z'$,并代入原方程得 $x'^2+y'^2+z'^2=4x'y'z'$. 对模 4 来说 x',y',z' 也均为偶数. 如此下去可知 x,y,z 均可被 2^n 整除,其中 n 可以是任意大的正整数. 故唯一可能的解是 $x=y=z=0$,即不定方程只有整数解 $(0,0,0)$.

用同余法解不定方程,主要用于证明方程无解或导出有解的某些必要条件,为进一步求解(或论证)做准备. 用同余法的关键是选择适当的模,这就需要根据具体题目进行判断和尝试.

4.6.2 分解法

分解法是解高次不定方程的基本方法,其理论基础是整数的唯一分解定理. 分解法就是将原方程变形为较易求解的方程或方程组. 分解法没有固定程序可循,可利用代数整式的分解产生整数的分解;还可以利用整数的性质(如互质,整除等)导出适当的分解.

例 4.13 求不定方程 $x^2+x=y^4+y^3+y^2+y$ 的全部整数解.

解 方程可变形为 $(2x+1)^2 = 4(y^4+y^3+y^2+y)+1$,由于

$$4(y^4+y^3+y^2+y)+1 = (2y^2+y+1)^2 - y(y-2),$$
$$4(y^4+y^3+y^2+y)+1 = (2y^2+y)^2 + (y+1)(3y+1),$$

故当 $y>2$ 或 $y<-1$ 时,有 $(2y^2+y)^2 < (2x+1)^2 < (2y^2+y+1)^2$,由于 $2y^2+y$ 和 $2y^2+y+1$ 是两个连续整数,它们的平方之间不会再有完全平方数,从而当 $y>2$ 或 $y<-1$ 时方程无解.

当 $-1 \leq y \leq 2$ 时,容易验证方程有 6 组整数解 $(0,0)$,$(0,-1)$,$(-1,0)$,$(-1,-1)$,$(5,2)$,$(-6,2)$.

例 4.14 证明方程 $x(x+1)+1=y^2$ 没有正整数解.

证明 将方程变形为 $(2x+1)^2+3=4y^2$,即

$$(2x+2y+1)(-2x+2y-1) = 3. \qquad ①$$

现假设方程有正整数解 x,y,则 $2x+2y+1$,$-2x+2y-1$ 都是正整数,而 3 是质数,故由式①及唯一分解定理知

$$-2x+2y-1 = 1, 2x+2y+1 = 3. \qquad ②$$

方程组②的解为 $x=0$,$y=1$ 与正整数矛盾. 故原方程无正整数解. 证毕.

4.6.3 估计法

若一个不定方程有整数解,它当然就有实数解.当方程的实数解集为有界集时,就能用这一必要条件确定整数解的界限,然后逐一检验以确定全部解.如果方程的实数解集是无界的,则上述方法不能奏效.这时我们应着眼于整数,利用整数的各种性质产生适用的不等式,进行解的估计.

例 4.15 求不定方程 $5x^2-6xy+7y^2=130$ 的全部整数解.

解 假设方程有整数解,当然就有实数解.作为 x 的二次方程其判别式应非负,即 $(-6y)^2-4\times 5\times 7y^2+4\times 5\times 130 \geq 0$. 可解得 $y^2 \leq 25$,即 $-5 \leq y \leq 5$,将 y 在这一范围内的整数逐一代入原方程检验(可首先检查上述判别式是否为完全平方数),从而得出方程的全部整数解为 $(3,5),(-3,-5)$.

例 4.16 用估计法证明例 4.14 中的不定方程 $x(x+1)+1=y^2$ 没有正整数解.

证明 设方程有正整数解,则 $x^2 < x(x+1)+1 = y^2$,可见 $x < y$,即 $x+1 \leq y$ 于是有 $y^2 \geq (x+1)^2 > x(x+1)+1$,矛盾,即方程没有正整数解. 证毕.

例 4.17 试求出所有的正整数 a,b,c 使得 $(a-1)(b-1)(c-1)$ 能够整除 $abc-1$,其中 $1 < a < b < c$.

解 首先估计 $s=\dfrac{abc-1}{(a-1)(b-1)(c-1)}$ ($s\in \mathbf{N}^*$) 的范围.假设 $x=a-1$,$y=b-1$,$z=c-1$,则 $1\leq x<y<z$,注意到

$$s=\frac{(x+1)(y+1)(z+1)-1}{xyz}=1+\frac{1}{x}+\frac{1}{y}+\frac{1}{z}+\frac{1}{xy}+\frac{1}{yz}+\frac{1}{zx}>1,$$

$$s<\frac{(x+1)(y+1)(z+1)}{xyz}=\left(1+\frac{1}{x}\right)\left(1+\frac{1}{y}\right)\left(1+\frac{1}{z}\right)$$

$$\leq \left(1+\frac{1}{1}\right)\left(1+\frac{1}{2}\right)\left(1+\frac{1}{3}\right)=4,$$

所以 $s=2$ 或 3.

若 $s=2$,则

$$\frac{1}{x}+\frac{1}{y}+\frac{1}{z}+\frac{1}{xy}+\frac{1}{yz}+\frac{1}{zx}=1. \qquad ①$$

显然 $x\neq 1$,若 $x\geq 3$,则 $y\geq 4$,$z\geq 5$,此时

$$\frac{1}{x}+\frac{1}{y}+\frac{1}{z}+\frac{1}{xy}+\frac{1}{yz}+\frac{1}{zx}\leq \frac{1}{3}+\frac{1}{4}+\frac{1}{5}+\frac{1}{12}+\frac{1}{20}+\frac{1}{15}=\frac{59}{60}<1, \text{与式①}$$

矛盾

因此 $x=2$，此时 $\dfrac{1}{y}+\dfrac{1}{z}+\dfrac{1}{2y}+\dfrac{1}{yz}+\dfrac{1}{2z}=\dfrac{1}{2}$.

易知 $3\leqslant y\leqslant 5$（当 $y\geqslant 6$ 时 $z\geqslant 7$，上式不成立），从而得出 $(x,y,z)=(2,4,14)$.

若 $s=3$，则
$$\dfrac{1}{x}+\dfrac{1}{y}+\dfrac{1}{z}+\dfrac{1}{xy}+\dfrac{1}{yz}+\dfrac{1}{zx}=2. \qquad ②$$

于是有 $x=1$，否则式②左边 $\leqslant \dfrac{1}{2}+\dfrac{1}{3}+\dfrac{1}{4}+\dfrac{1}{6}+\dfrac{1}{12}+\dfrac{1}{8}<2$.

此时式②即为 $\dfrac{2}{y}+\dfrac{2}{z}+\dfrac{1}{yz}=1$，易知 $2\leqslant y\leqslant 3$，从而得出 $(x,y,z)=(1,3,7)$.

由假设知，a,b,c 的整数解为 $(3,5,15)$ 和 $(2,4,8)$.

4.7 费马方程与沛尔方程

4.7.1 费马方程与无穷递降法

费马（Fermat）方程是指不定方程
$$x^n+y^n=z^n, \qquad (4.11)$$

其中 $n\geqslant 2$，当 n 为奇数时该方程有以下一些平凡解（即满足 $xyz=0$ 的整数解）
$$(x,y,z)=(0,a,a),(a,0,a),(a,-a,0).$$

其中 a 为任意整数. 费马于 1637 年曾猜想当 $n\geqslant 3$ 时该方程没有非平凡的整数解. 1994 年英国数学家安德鲁怀尔斯（Anderw Wiles）证明了这一猜想.

当 $n=2$ 时，费马方程称为欧几里得方程或勾股方程，它的一般整数解已在 4.5 节中给出.

费马于 1637 年证明了 $x^4+y^4=z^4$ 无正整数解. 欧拉于 1770 年证明了 $x^3+y^3=z^3$ 没有非平凡的整数解. 费马在证明 $x^4+y^4=z^4$ 没有正整数解的过程中采用了"无穷递降法"，这一方法是数论中解高次不定方程常用的方法，该方法的逻辑步骤是：假设不定方程 (4.11) 有一组整数解 (x,y,z)，$x>0$，$y>0$，$z>0$，$(x,y)=1$，且 z 是所有解中最小的. 接下来又得到方程 (4.11) 的一组解 (r,s,z_1)，$r>0$，$s>0$，$z_1>0$，$(r,s)=1$，$z_1<z$，这与 z 最小矛盾.

例 4.18 已知正整数 a,b，使得 $ab+1$ 整除 a^2+b^2，求证 $\dfrac{a^2+b^2}{ab+1}$ 是

某个正整数的平方.

证明 只需证明当 k 不是完全平方数时,关于 a, b 的不定方程
$$a^2+b^2=k(ab+1) \quad ①$$
没有正整数解.

假设方程①有正整数解(k 不是完全平方数),在方程①的所有正整数解中选出使 $\min\{a,b\}$ 最小的一组解,设为 (a_0,b_0),不失一般性假设 $a_0 \geqslant b_0$,首先证明
$$k<b_0^2 \text{ 且 } a_0<kb_0. \quad ②$$

若 $k>b_0^2$($k \neq b_0^2$),则 $a_0(a_0-kb_0)=k-b_0^2$,于是 $a_0-kb_0>0$ 且 $a_0 \leqslant k-b_0^2$(因为 $a_0 \mid (k-b_0^2)$),即 $kb_0<a_0<k$,$b_0<1$,矛盾. 故方程②的两个不等式均成立.

考虑一元二次方程 $x^2-kb_0x+b_0^2-k=0$,它的一个根为 $a_0 \in \mathbf{N}^*$,不妨设另一个根为 a_1,则由韦达定理得到
$$a_0+a_1=kb_0, \quad ③$$
$$a_0a_1=b_0^2-k, \quad ④$$
由式②、式③、式④知 $a_1 \in \mathbf{N}^*$ 且 $a_1=\dfrac{b_0^2-k}{a_0}<\dfrac{b_0^2}{a_0} \leqslant b_0$,于是得到方程①的另一组正整数解 (a_1,b_0) 且 $\min\{a_1,b_0\}=a_1<b_0=\min\{a_0,b_0\}$,这与假定 $\min\{a_0,b_0\}$ 最小矛盾. 从而,当 k 不是完全平方数时方程①无正整数解.

4.7.2 沛尔方程的解

沛尔(Pell)方程是形如
$$x^2-dy^2=1 \quad (4.12)$$
的二元二次不定方程. 其中 $d>0$ 且非平方数. 沛尔方程在数学竞赛中主要用于证明问题有无穷多个整数解.

沛尔方程(4.12)一定有无穷多组正整数解. 设 (x_1,y_1) 是方程(4.12)的正整数解中使 $x_1+y_1\sqrt{d}$ 最小的解(称为基本解),则方程(4.12)的全部解为
$$x_n=\frac{1}{2}[(x_1+\sqrt{d}y_1)^n+(x_1-\sqrt{d}y_1)^n],$$
$$y_n=\frac{1}{2\sqrt{d}}[(x_1+\sqrt{d}y_1)^n-(x_1-\sqrt{d}y_1)^n], \quad (n=1,2,\cdots).$$

以上解满足线性递推关系 $x_n=2x_1x_{n-1}-x_{n-2}$,$y_n=2y_1y_{n-1}-y_{n-2}$,沛尔方程可以用来解一些高次不定方程. 下面的一些重要结论就是利用沛尔方程得到的.

第4章 关于不定方程的整数解及其解数的讨论

结论 1 不定方程 $x^3-2y^2=1$ 仅有整数解 $x=1$，$y=0$.

结论 2 不定方程 $x^4-2py^2=1$，p 为奇质数. 当 $p=3$ 时有解 $x=7$，$y=20$，除此之外无正整数解.

结论 3 设 p 为质数，$2p=r^2+s^2$，$s\equiv\pm3(\bmod 8)$，$r\equiv\pm3(\bmod 8)$，则沛尔方程 $x^2-2py^2=-1$ 无整数解.

此外，对于 $ax^2+by^2=cz^2(a>0,b>0,c>0)$，$x^2+y^2=n$，$ax^2+by^2+cz^2=0$，$(a,b,c$ 均为非零整数$)$ 等形式的不定方程的解也有相应的结论.

习题 4

1. 解下列不定方程
（1）$60x+123y=25$；（2）$127x-52y+1=0$；
（3）$9x+24y-5z=1000$.

2. 证明：一边长为整数的直角三角形，当斜边与一直角边长之差为 1 时，它的三边长可以表示成 $2b+1$，$2b^2+2b$，$2b^2+2b+1$，其中 b 是任意正整数.

3. 有若干个 3g 和 5g 的砝码，用这些砝码在天平上称一个 73g 的物品，共有多少种不同的砝码组合选择方式？当称重该物品选择的砝码个数最少时，这两种砝码各用了多少个？当选用的这两种砝码的重量之差最小时，这两种砝码各用了多少个？

4. 食堂用 5000 元采购一批牛羊肉，羊肉每公斤 40 元，牛肉每公斤 25 元，问有多少种不同的采购方式？当采购的羊肉费用与牛肉费用相差最小时，各买了多少公斤？

5. 用 2 分硬币和 5 分硬币组成 200 元钱，要求这两种硬币都要用到，共有多少种不同的组成方式？求出所用硬币枚数最少时的组成方式，再求出这两种硬币枚数之差最小时的组成方式.

6. 求解不定方程 $123x-18y+47z=100$.

7. 把 $\dfrac{23}{30}$ 写成分母两两互质的三个既约分数之和.

8. 求下列不定方程组的全部正整数解
$\begin{cases}2x_1+x_2+x_3=100,\\3x_1+5x_2+15x_3=270.\end{cases}$

9. 求出不定方程 $x^2+y^2=z^2$ 满足 $|z|\leqslant 50$ 的全部解、正解及本原解.

10. 证明对于每个正整数 n，存在 n 个互不全等的直角三角形，它们的周长相等.

11. 设 $n\in\mathbf{N}^*$，$n\geqslant 5$，对一个正 n 边形的顶点进行染色，要求所用不同颜色不超过 6 种，且任意连续 5 个顶点的颜色各不相同，求出 n 的取值范围.

12. 求出不定方程 $x^2+3y^2=z^2$，$(x,y)=1$，$x>0$，$y>0$，$z>0$ 的一切正整数解的表达式.

13. 求出不定方程 $x^2+y^2=z^4$，$(x,y)=1$，$x>0$，$y>0$，$z>0$，$2\mid x$ 的一切正整数解的表达式.

14. 对怎样的正整数 n，不定方程 $x^2-y^2=n$. （1）有解，（2）有满足 $(x,y)=1$ 的解，并对 $n=30,60,120$，判断此方程是否有解；有解时求出它的全部解，（3）给出一个求解此不定方程的方法.

15. 求不定方程 $x+y=x^2-xy+y^2$ 的所有整数解.

16. 证明存在无穷多个正整数的三元数组 (a,b,c)，使得 a^2+b^2，b^2+c^2，c^2+a^2 都是完全平方数.

17. 求不定方程 $\dfrac{1}{2}(x+y)(y+z)(z+x)+(x+y+z)^3=1-xyz$ 的整数解.

第 5 章

连 分 数

5.1 连分数的基本性质

分数
$$a_1+\cfrac{1}{a_2+\cfrac{1}{a_3+\cfrac{1}{a_4+\cfrac{\ddots}{+\cfrac{1}{a_n}}}}} \tag{5.1}$$

叫做连分数. 但式(5.1)的写法很占篇幅,故常用符号

$$a_1+\frac{1}{a_2+}\frac{1}{a_3+}\frac{1}{a_4+}\cdots\frac{1}{a_n}, \tag{5.2}$$

或
$$\langle a_1,a_2,\cdots,a_n\rangle \tag{5.3}$$

来表示连分数(5.1). 通常用式(5.3)来表示连分数(5.1).

定义 5.1 $\langle a_1,a_2,\cdots,a_k\rangle=\dfrac{p_k}{q_k}$, $1\leqslant k\leqslant n$, 叫做式(5.1)的第 k 个渐进分数.

由定义可以看出 $\dfrac{p_k}{q_k}$ 是 $a_1,a_2,\cdots,a_k$ 的函数,且与 $a_{k+1},\cdots,a_n$ 无关.

由定义 5.1 可以得到

$$\frac{p_1}{q_1}=\frac{a_1}{1}, \frac{p_2}{q_2}=\frac{a_2a_1+1}{a_2}, \frac{p_3}{q_3}=\frac{a_3(a_2a_1+1)+a_1}{a_3a_2+1}. \tag{5.4}$$

更一般地渐进分数有以下定理:

定理 5.1 若连分数 $\langle a_1,a_2,\cdots,a_n\rangle$ 的渐进分数是 $\dfrac{p_1}{q_1},\dfrac{p_2}{q_2},\cdots,\dfrac{p_n}{q_n}$, 则在这些渐进分数之间有下列关系成立,

$$p_1 = a_1, \quad p_2 = a_2 a_1 + 1, \quad p_k = a_k p_{k-1} + p_{k-2},$$
$$q_1 = 1, \quad q_2 = a_2, \quad q_k = a_k q_{k-1} + q_{k-2}, \quad 3 \leq k \leq n. \tag{5.5}$$

证明 当 $k=1,2,3$ 时，由式(5.4)即得式(5.5). 假定对于小于 k 的正整数式(5.5)均成立，则

$$\frac{p_k}{q_k} = \langle a_1, a_2, \cdots, a_k \rangle = \langle a_1, a_2, \cdots, a_{k-1} + \frac{1}{a_k} \rangle = \frac{\left(a_{k-1} + \frac{1}{a_k}\right) p_{k-2} + p_{k-3}}{\left(a_{k-1} + \frac{1}{a_k}\right) q_{k-2} + q_{k-3}}$$

$$= \frac{a_k(a_{k-1} p_{k-2} + p_{k-3}) + p_{k-2}}{a_k(a_{k-1} q_{k-2} + q_{k-3}) + q_{k-2}}.$$

由 $p_{k-1} = a_{k-1} p_{k-2} + p_{k-3}$, $q_{k-1} = a_{k-1} q_{k-2} + q_{k-3}$，即得

$$p_k = a_k p_{k-1} + p_{k-2}, \quad q_k = a_k q_{k-1} + q_{k-2}.$$

故由数学归纳法知式(5.5)成立，证毕.

定义 5.2 若 a_1 是整数，$a_2, a_3, \cdots, a_k, \cdots$ 是正整数，则连分数 $\langle a_1, a_2, \cdots, a_k, \cdots \rangle$ 叫做简单连分数，若 a_i 的个数有限，就叫做有限简单连分数，若 a_i 的个数无限，就叫做无限简单连分数. 对于无限简单连分数，我们仍然规定 $\frac{p_k}{q_k} = \langle a_1, a_2, \cdots, a_k \rangle$, $k=1, 2, \cdots$, 是它的渐近分数. 当 $k \to \infty$ 时，若 $\frac{p_k}{q_k}$ 有一个极限值，我们就把这个极限值叫做无限连分数的值.

定理 5.2 若连分数 $\langle a_1, a_2, \cdots, a_n \rangle$ 的 n 个渐近分数是 $\frac{p_1}{q_1}$, $\frac{p_2}{q_2}, \cdots, \frac{p_n}{q_n}$, 则下列两关系成立

$$p_k q_{k-1} - p_{k-1} q_k = (-1)^k, \quad (k \geq 2), \tag{5.6}$$
$$p_k q_{k-2} - p_{k-2} q_k = (-1)^{k-1} a_k, \quad (k \geq 3). \tag{5.7}$$

证明 (1) 当 $k=2$ 时，式(5.6)成立，即

$$p_2 q_1 - p_1 q_2 = (a_2 a_1 + 1) - a_1 a_2 = 1 = (-1)^2,$$

假设 $p_{k-1} q_{k-2} - p_{k-2} q_{k-1} = (-1)^{k-1}$, 则由定理 5.1

$$p_k q_{k-1} - p_{k-1} q_k = (a_k p_{k-1} + p_{k-2}) q_{k-1} - p_{k-1}(a_k q_{k-1} + q_{k-2})$$
$$= p_{k-2} q_{k-1} - p_{k-1} q_{k-2} = -(-1)^{k-1} = (-1)^k.$$

由数学归纳法，式(5.6)成立.

(2) 由式(5.6)及定理 5.1 有

$$p_k q_{k-2} - p_{k-2} q_k = (a_k p_{k-1} + p_{k-2}) q_{k-2} - p_{k-2}(a_k q_{k-1} + q_{k-2})$$
$$= a_k (p_{k-1} q_{k-2} - p_{k-2} q_{k-1}) = (-1)^{k-1} a_k, \quad 证毕.$$

> **定理 5.3** 设 $\langle a_1, a_2, \cdots, a_n, \cdots \rangle$ 是有限(或无限)简单连分数,$\dfrac{p_k}{q_k}$ $(k=1,2,\cdots)$ 是它的渐进分数,则有
>
> (1) 当 $k \geq 3$ 时,$q_k \geq q_{k-1}+1$,因而对任何 k 来说,$q_k \geq k-1$.
>
> (2) $\dfrac{p_{2(k-1)}}{q_{2(k-1)}} > \dfrac{p_{2k}}{q_{2k}}$,$\dfrac{p_{2k-1}}{q_{2k-1}} > \dfrac{p_{2k-3}}{q_{2k-3}}$,$\dfrac{p_{2k}}{q_{2k}} > \dfrac{p_{2k-1}}{q_{2k-1}}$.
>
> (3) $\dfrac{p_k}{q_k}$,$k=1,2,\cdots$ 都是既约分数.

证明 (1) 由定理 5.1 显然 $q_k \geq 1$,因为 $a_k \geq 1$,$k \geq 2$,故当 $k \geq 3$ 时有

$$q_k = a_k q_{k-1} + q_{k-2} \geq q_{k-1} + 1.$$

因为 $q_1 = 1 > 0$,$q_2 = a_2 \geq 2-1$,应用数学归纳法可证明(1).

(2) 由式(5.7)得

$$\frac{p_{2k}}{q_{2k}} - \frac{p_{2(k-1)}}{q_{2(k-1)}} = \frac{(-1)^{2k-1} a_{2k}}{q_{2k} q_{2(k-1)}} = \frac{-a_{2k}}{q_{2k} q_{2(k-1)}} < 0,$$

$$\frac{p_{2k-1}}{q_{2k-1}} - \frac{p_{2k-3}}{q_{2k-3}} = \frac{(-1)^{2k-2} a_{2k-1}}{q_{2k-1} q_{2k-3}} > 0,$$

因而有 $\dfrac{p_{2k}}{q_{2k}} < \dfrac{p_{2(k-1)}}{q_{2(k-1)}}$,$\dfrac{p_{2k-1}}{q_{2k-1}} > \dfrac{p_{2k-3}}{q_{2k-3}}$.

由式(5.6)得 $\dfrac{p_{2k}}{q_{2k}} - \dfrac{p_{2k-1}}{q_{2k-1}} = \dfrac{(-1)^{2k}}{q_{2k} q_{2k-1}} > 0$,从而有 $\dfrac{p_{2k}}{q_{2k}} > \dfrac{p_{2k-1}}{q_{2k-1}}$.

(3) 由式(5.6)即知 $(p_k, q_k) = 1$,证毕.

连分数和实数之间可以互相表示,下面的定理证明了每一个简单连分数能够表示成一个唯一的实数.

> **定理 5.4** 每一个简单连分数可表示成一个唯一实数.

证明 显然每一个有限简单连分数通过计算总可以得到一个有理数值,即可将这个有限简单连分数表成实数.

设 $\langle a_1, a_2, \cdots, a_k, \cdots \rangle$ 是任一无限简单连分数,$\dfrac{p_1}{q_1}, \dfrac{p_2}{q_2}, \cdots,$ $\dfrac{p_k}{q_k}, \cdots$ 是它的渐进分数,由定理 5.3 知

$$\frac{p_1}{q_1}, \frac{p_3}{q_3}, \cdots, \frac{p_{2k-1}}{q_{2k-1}}, \cdots 是一个有界递增数列,$$

$\dfrac{p_2}{q_2}, \dfrac{p_4}{q_4}, \cdots, \dfrac{p_{2k}}{q_{2k}}, \cdots$ 是一个有界递减数列,

并且由定理 5.2，定理 5.3 知

$$0 < \dfrac{p_{2k}}{q_{2k}} - \dfrac{p_{2k-1}}{q_{2k-1}} = \dfrac{1}{q_{2k}q_{2k-1}} \leqslant \dfrac{1}{(2k-1)(2k-2)} \to 0,$$

因此 $\left[\dfrac{p_{2k-1}}{q_{2k-1}}, \dfrac{p_{2k}}{q_{2k}}\right]$ $(k=1,2,\cdots)$ 做成一个区间套，故 $\lim\limits_{k\to\infty}\dfrac{p_k}{q_k}$ 存在，即这个无限简单连分数可以表示成一个实数.

5.2 把实数表示成连分数

由上节知道，任一简单连分数均可以表示成一个唯一的实数. 然而，若能将任一实数表示成连分数，那么对于一个无理数来说，就可以通过它表示成的连分数来计算其值. 这在实际应用中可广泛用来计算无理数的近似值.

设 α 是一个给定的实数，若 α 是一个有理数，则 $\alpha = \dfrac{a}{b}$, $b>0$. 由辗转相除法即得

$$\dfrac{a}{b} = q_1 + \dfrac{r_1}{b}, \quad 0 < \dfrac{r_1}{b} < 1,$$

$$\dfrac{b}{r_1} = q_2 + \dfrac{r_2}{r_1}, \quad 0 < \dfrac{r_2}{r_1} < 1, \quad q_2 \geqslant 1,$$

$$\vdots$$

$$\dfrac{r_{n-2}}{r_{n-1}} = q_n + \dfrac{r_n}{r_{n-1}}, \quad 0 < \dfrac{r_n}{r_{n-1}} < 1, \quad q_n \geqslant 1,$$

$$\dfrac{r_{n-1}}{r_n} = q_{n+1}, \quad q_{n+1} > 1,$$

因此有 $\qquad \alpha = \dfrac{a}{b} = \langle q_1, q_2, \cdots, q_{n+1}\rangle, q_{n+1} > 1.$

即每一个有理数均能表示成有限简单连分数.

若 α 是无理数，则由 1.5 节的 $\alpha = [\alpha] + \{\alpha\}$, $0 < \{\alpha\} < 1$，即得到

$$\alpha = a_1 + \dfrac{1}{\alpha_1}, \quad a_1 = [\alpha], \quad \alpha_1 = \dfrac{1}{\{\alpha\}} > 1,$$

$$\alpha_1 = a_2 + \dfrac{1}{\alpha_2}, \quad a_2 = [\alpha_1], \quad \alpha_2 = \dfrac{1}{\{\alpha_1\}} > 1,$$

$$\vdots \tag{5.8}$$

$$\alpha_{k-1}=a_k+\frac{1}{\alpha_k},\quad a_k=[\alpha_{k-1}],\quad \alpha_k=\frac{1}{\{\alpha_{k-1}\}}>1,$$
$$\vdots$$

故 $\alpha=\langle a_1,a_2,\cdots,a_k,\alpha_k\rangle$，由定理 5.1 即得

$$\alpha=\frac{\alpha_1 a_1+1}{\alpha_1},\quad \alpha=\frac{\alpha_k p_k+p_{k-1}}{\alpha_k q_k+q_{k-1}},\quad k=2,3,\cdots. \tag{5.9}$$

由上述结果我们就可以得到下面的定理：

定理 5.5　任一实无理数均可表示成无限简单连分数.

证明　设 α 是任一实无理数，由 α 我们可以得到式(5.8)，以下证明

$$\lim_{k\to\infty}\langle a_1,a_2,\cdots,a_k\rangle=\alpha.$$

由式(5.9)及定理 5.2 即得

$$\alpha-\frac{p_k}{q_k}=\frac{\alpha_k p_k+p_{k-1}}{\alpha_k q_k+q_{k-1}}-\frac{p_k}{q_k}=\frac{(-1)^{k-1}}{q_k(\alpha_k q_k+q_{k-1})}. \tag{5.10}$$

但 $\alpha_k>a_{k+1}$，故 $\alpha_k q_k+q_{k-1}>q_{k+1}$，因此由定理 5.3 即得 $\left|\alpha-\frac{p_k}{q_k}\right|<\frac{1}{k(k-1)}$. 但当 $k\to\infty$ 时，$\frac{1}{k(k-1)}\to 0$，故 $\lim_{k\to\infty}\frac{p_k}{q_k}=\alpha$. 因此有 $\alpha=\langle a_1,a_2,\cdots,a_k,\cdots\rangle$，又由式(5.8)知 $a_k=[\alpha_{k-1}]\geq 1(k\geq 2)$，故定理获证，证毕.

例 5.1　将无理数 $\sqrt{14}$ 表成连分数($\sqrt{14}\approx 3.741657387\cdots$).

解　设 $\alpha=\sqrt{14}$，按照式(5.8)的步骤，首先写出 $a_1=[\alpha]=3$，$\alpha_1=\frac{1}{\{\alpha\}}=1.348331477\cdots$，$a_2=[\alpha_1]=1$，$\alpha_2=\frac{1}{\{\alpha_1\}}=2.870828696\cdots$，$a_3=[\alpha_2]=2$，$\alpha_3=\frac{1}{\{\alpha_2\}}=1.148331474\cdots$，$a_4=[\alpha_3]=1$，$\alpha_4=\frac{1}{\{\alpha_3\}}=6.741657539\cdots$，$a_5=[\alpha_4]=6$，继续这个步骤就可以得到 $\sqrt{14}=\alpha=\langle 3,1,2,1,6,1,2,1,6\cdots\rangle$.

由定理 5.5 还可以得到一个在数论中很有实际用途的结论，即：

推论 5.1　$\alpha=\frac{p_k}{q_k}+\frac{(-1)^{k-1}\delta_k}{q_k q_{k+1}}$，或 $\alpha=\frac{p_k}{q_k}+\frac{(-1)^{k-1}\delta_k'}{q_k^2}$，其中 $0<\delta_k<1$，$0<\delta_k'<1$.

证明 $\alpha_k > a_{k+1}$,故 $0 < \dfrac{1}{\alpha_k q_k + q_{k-1}} < \dfrac{1}{q_{k+1}} < \dfrac{1}{q_k}$,即有 δ_k,δ_k' 存在,使得

$$\dfrac{1}{\alpha_k q_k + q_{k-1}} = \dfrac{\delta_k}{q_{k+1}} = \dfrac{\delta_k'}{q_k}, \quad 0 < \delta_k < 1, \quad 0 < \delta_k' < 1$$

成立,由式(5.10)即得推论5.1,证毕.

定理 5.6 每一实无理数只有一种唯一的方法表示成无限简单连分数.

证明 设 α 是任一实无理数,则 α 不能表示成有限简单连分数,故 α 只能表示成无限简单连分数. 我们只要证明如果两个无限简单连分数 $\alpha_0 = \langle a_1, a_2, \cdots, a_k, \cdots \rangle$ 与 $\beta_0 = \langle b_1, b_2, \cdots, b_k, \cdots \rangle$ 相等,则有 $a_k = b_k (k=1,2,\cdots)$. 令 $\alpha_k = \langle a_{k+1}, a_{k+2}, \cdots \rangle$,$\beta_k = \langle b_{k+1}, b_{k+1}, \cdots \rangle$,则 $\alpha_k = a_{k+1} + \dfrac{1}{\alpha_{k+1}}$,$\alpha_{k+1} > 1$,$\beta_k = b_{k+1} + \dfrac{1}{\beta_{k+1}}$,$\beta_{k+1} > 1$. 故有 $a_{k+1} = [\alpha_k]$,$b_{k+1} = [\beta_k]$. 由 $\alpha_0 = \beta_0$ 得到 $a_1 = [\alpha_0] = b_1$,$\alpha_1 = \beta_1$. 假定 $a_j = b_j$ 并且 $\alpha_j = \beta_j$,$j = 1,2,\cdots,k(k \geqslant 2)$,则用 α_k,β_k 代替上面的 α_0,β_0,即得到 $a_{k+1} = b_{k+1}$,$\alpha_{k+1} = \beta_{k+1}$. 由数学归纳法,对于任何正整数 k 有 $a_k = b_k$,即定理获证,证毕.

关于有理数表示成有限简单连分数的唯一性问题,有下列定理.

定理 5.7 (1) 若 $\dfrac{a}{b} = \langle a_1, a_2, \cdots, a_n \rangle = \langle b_1, b_2, \cdots, b_m \rangle$,且 $a_n > 1$,$b_m > 1$,则有 $n = m$,$a_i = b_i (i = 1,2,\cdots,n)$.

(2) 任一有理数 $\dfrac{a}{b}$ 有且仅有两种方法表示成有限简单连分数,即

$$\dfrac{a}{b} = \langle a_1, a_2, \cdots, a_n \rangle = \langle a_1, a_2, \cdots, a_n - 1, 1 \rangle,$$

其中,$a_n > 1$. 该定理的证明与定理5.6的证明类似,留作习题(见习题5第11小题).

我们在实际问题中经常会遇到无理数的计算,根据实际问题对无理数近似值的精确度要求,我们可以利用把无理数表示成连分数来给出一个符合精确度要求的近似值.

> **定理 5.8** 若 α 是一实数，$\dfrac{p_k}{q_k}$ 是 α 的第 k 个渐近分数，则在分母不大于 q_k 的一切有理数中，$\dfrac{p_k}{q_k}$ 是 α 的最好有理近似值，即若 $0<q\leq q_k$，则
> $$\left|\alpha-\frac{p_k}{q_k}\right|\leq\left|\alpha-\frac{p}{q}\right|.$$

证明 若 $\alpha=\dfrac{p_k}{q_k}$，则定理已经成立．因此只需讨论 $\alpha\neq\dfrac{p_k}{q_k}$ 的情形．在这种情况下，α 就有第 $k+1$ 个渐近分数 $\dfrac{p_{k+1}}{q_{k+1}}$，我们不妨假定 $\dfrac{p_k}{q_k}<\dfrac{p_{k+1}}{q_{k+1}}\left(\dfrac{p_{k+1}}{q_{k+1}}<\dfrac{p_k}{q_k}\text{可完全类似地讨论}\right)$．

（1）我们先证明：若 $0<q\leq q_k$，则 $\dfrac{p}{q}\leq\dfrac{p_k}{q_k}$ 或 $\dfrac{p_{k+1}}{q_{k+1}}<\dfrac{p}{q}$, (5.11)

假定 $\dfrac{p_k}{q_k}<\dfrac{p}{q}\leq\dfrac{p_{k+1}}{q_{k+1}}$，由于 $\dfrac{p_{k+1}}{q_{k+1}}$ 是既约分数，由定理 5.3 知 $q\leq q_k<q_{k+1}$，因此有 $\dfrac{p_k}{q_k}<\dfrac{p}{q}<\dfrac{p_{k+1}}{q_{k+1}}$，又因为 $pq_k-qp_k>0$, $q_{k+1}q-q_{k+1}p>0$，因此又有

$$\frac{p}{q}-\frac{p_k}{q_k}=\frac{pq_k-qp_k}{qq_k}\geq\frac{1}{qq_k},\quad \frac{p_{k+1}}{q_{k+1}}-\frac{p}{q}\geq\frac{1}{q_{k+1}q}.$$

由 $q_{k+1}+q_k>q$，即得 $\dfrac{p_{k+1}}{q_{k+1}}-\dfrac{p_k}{q_k}\geq\dfrac{q_{k+1}+q_k}{qq_kq_{k+1}}>\dfrac{1}{q_kq_{k+1}}$，此结果与定理 5.2 矛盾，故式 (5.11) 成立．

（2）由推论 5.1 及 $\dfrac{p_k}{q_k}<\dfrac{p_{k+1}}{q_{k+1}}$，即得 $\dfrac{p_k}{q_k}<\alpha\leq\dfrac{p_{k+1}}{q_{k+1}}$．若 $\dfrac{p}{q}\leq\dfrac{p_k}{q_k}$，则该定理结论显然成立．若 $\dfrac{p_{k+1}}{q_{k+1}}<\dfrac{p}{q}$，则 $\left|\alpha-\dfrac{p}{q}\right|\geq\left|\dfrac{p_{k+1}}{q_{k+1}}-\dfrac{p}{q}\right|\geq\dfrac{1}{qq_{k+1}}\geq\dfrac{1}{q_kq_{k+1}}$．另一方面，由推论 5.1 知 $\left|\alpha-\dfrac{p_k}{q_k}\right|<\dfrac{1}{q_kq_{k+1}}$，故定理得证．证毕．

例 5.2 在一项工程设计中，若要求对无理数 π 值的计算精确度达到 0.0001，求 π 的有理近似值．

解 按照例 5.1 的做法，先将 π 表示成无限简单连分数

$$\pi = \langle 3, 7, 15, 1, 293, 13, 3, \cdots \rangle,$$

再根据定理 5.1 计算出 p_i, q_i ($i=1,2,\cdots$) 的值，$p_1=3$, $p_2=22$, $p_3=333$, $p_4=355$, $\cdots$, $q_1=1$, $q_2=7$, $q_3=106$, $q_4=113$, $\cdots$, 因为 $\dfrac{1}{q_3 q_4} = \dfrac{1}{106 \times 113} < \dfrac{1}{10^4}$，由定理 5.8 知，满足计算精度要求的 π 的有理近似值是 $\dfrac{p_3}{q_3} = \dfrac{333}{106}$. 经计算得 $\dfrac{333}{106} = 3.141509434\cdots$，$\pi$ 的有理近似值精确度达到了要求.

若将此例中 π 的渐进分数写出来就是

$$\frac{3}{1}, \frac{22}{7}, \frac{333}{106}, \frac{355}{113}, \frac{104348}{33215}, \cdots.$$

经计算知道，这些渐进分数的值越来越逼近 π 的值.

我国古代数学家何承天（公元 370-447）发明可用 $\dfrac{22}{7}$（疏率）来表示圆周率 π 的有理近似值，该值正是例 5.2 中的 $\dfrac{p_2}{q_2}$. 祖冲之（公元 429-500）发明可用 $\dfrac{355}{113}$（密率）来表示 π 的有理近似值，该值正是例 5.2 中的 $\dfrac{p_4}{q_4}$. 以上这个结果比西欧最早得到的 π 的有理近似值还要早 1000 年.

5.3 循环连分数

定义 5.3 对于一个无限简单连分数 $\langle a_1, a_2, \cdots, a_n, \cdots \rangle$，如果能找到两个整数 s, t ($s \geq 0, t > 0$) 使得 $a_{s+i} = a_{s+kt+i}$, $i=1,2,\cdots,t$, $k=0,1,2,\cdots$. 我们就把这个无限简单连分数叫做循环连分数，并简单地把它记作 $\langle a_1, a_2, \cdots, a_s, \dot{a}_{s+1}, \cdots, \dot{a}_{s+t} \rangle$.

对于循环连分数来说，有上述性质的 s, t 不是唯一的，如果找到的 t 是最小的，我们就称 t 为循环周期. 若最小的 $s=0$，则称这个循环连分数为纯循环连分数.

我们首先注意到，若 $\langle a_1, a_2, \cdots, a_n, \cdots \rangle$ 是一循环连分数，$\alpha_n = \langle a_{n+1}, a_{n+2}, \cdots \rangle$，则 $\alpha_s = \alpha_{s+kt}$, $k=0,1,2,\cdots$，反之亦然.

对于循环连分数有以下重要的定理.

定理 5.9 每一个循环连分数一定是某一整系数二次不可约方程的实根.

证明 令 $\alpha = \langle a_1, a_2, \cdots, \dot{a}_{s+1}, \cdots, \dot{a}_{s+t} \rangle$，$a_n = \langle a_{n+1}, a_{n+2}, \cdots \rangle$，若 $s = 0$，则由式 (5.9) 得到 $\alpha = \dfrac{\alpha p_t + p_{t-1}}{\alpha q_t + q_{t-1}}$. 因此有 $q_t \alpha^2 + (q_{t-1} - p_t)\alpha - p_{t-1} = 0$.

若 $s > 0$，则由式 (5.9) 即得 $\alpha = \dfrac{\alpha_s p_s + p_{s-1}}{\alpha_s q_s + q_{s-1}} = \dfrac{\alpha_s p_{s+t} + p_{s+t-1}}{\alpha_s q_{s+t} + q_{s+t-1}}$，由此即得

$$\alpha_s = \dfrac{-q_{s-1}\alpha + p_{s-1}}{q_s \alpha - p_s} = \dfrac{-q_{s+t-1}\alpha + p_{s+t-1}}{q_{s+t}\alpha - p_{s+t}}.$$

于是就有 $(q_{s+t}\alpha - p_{s+t})(-q_{s-1}\alpha + p_{s-1}) = (q_s\alpha - p_s)(-q_{s+t-1}\alpha + p_{s+t-1})$，即

$$(q_{s+t}q_{s-1} - q_{s+t-1}q_s)\alpha^2 + (p_{s+t-1}q_s + p_s q_{s+t-1} - p_{s+t}q_{s-1} - q_{s+t}p_{s-1})\alpha + (p_{s+t}p_{s-1} - p_{s+t-1}p_s) = 0.$$

因为 α 是无限连分数，故 α 是实无理数. 故上面得到的两个关于 α 的二次方程为不可约，定理获证，证毕.

上述定理的逆定理也成立，这就是：

定理 5.10 若 $f(x) = ax^2 + bx + c$ 是一个整系数二次不可约多项式，α 是 $f(x) = 0$ 的一个实根，则表示 α 的简单连分数是一循环连分数.

利用循环连分数可以解不定方程 $x^2 - dy^2 = 1$，这正是 4.7.2 小节中介绍过的沛尔 (Pell) 方程.

习题 5

1. 把下面的有理数表成有限简单连分数，并求出各个渐近分数.

   (1) $\dfrac{121}{21}$； (2) $-\dfrac{19}{29}$； (3) $\dfrac{177}{292}$.

2. 求有限简单连分数 $\langle 2,1,2,1,1,4,1,1,6,1,1,8 \rangle$ 的各个渐近分数值，并与自然对数底 e 的值作比较.

3. 证明连分数 (5.1) 的第 k 个渐近分数 $\dfrac{p_k}{q_k}$ 中的 p_k，q_k 可分别用以下行列式表示.

$$p_k = \begin{vmatrix} a_1 & -1 & 0 & \cdots & 0 & 0 \\ 1 & a_2 & -1 & \cdots & 0 & 0 \\ 0 & 1 & a_3 & \cdots & 0 & 0 \\ \vdots & \vdots & \vdots & & \vdots & \vdots \\ 0 & 0 & 0 & \cdots & a_{k-1} & -1 \\ 0 & 0 & 0 & \cdots & 1 & a_k \end{vmatrix},$$

$$q_k = \begin{vmatrix} 1 & 0 & 0 & \cdots & 0 & 0 \\ 0 & a_2 & -1 & \cdots & 0 & 0 \\ 0 & 1 & a_3 & \cdots & 0 & 0 \\ \vdots & \vdots & \vdots & & \vdots & \vdots \\ 0 & 0 & 0 & \cdots & a_{k-1} & -1 \\ 0 & 0 & 0 & \cdots & 1 & a_k \end{vmatrix}.$$

4. 证明连分数 $\langle a_1, a_2, \cdots, a_k \rangle$ 的第 k 个渐进分数 $\dfrac{p_k}{q_k}$ 中的 p_k, q_k 满足以下矩阵乘积

$$\begin{pmatrix} a_1 & 1 \\ 1 & 0 \end{pmatrix} \begin{pmatrix} a_2 & 1 \\ 1 & 0 \end{pmatrix} \cdots \begin{pmatrix} a_k & 1 \\ 1 & 0 \end{pmatrix} = \begin{pmatrix} p_k & p_{k-1} \\ q_k & q_{k-1} \end{pmatrix}, \quad k \geq 2.$$

5. 设 a, b 是正数, 证明

$$a + \sqrt{a^2 + b} = 2a + \cfrac{b}{2a + \cfrac{b}{2a + \cfrac{b}{a + \sqrt{a^2 + b}}}}.$$

6. 设 a, b, c 是正整数且 $b = ac$, 证明 $\langle b, a, b, a, b, a, \cdots \rangle = \dfrac{b + \sqrt{b^2 + 4c}}{2}$.

7. 将无理数 $\sqrt{13}$ 表示成无限简单连分数.

8. 将无理数 $\dfrac{1}{2}(\sqrt{5} + 1)$ 表示成无限简单连分数.

9. 求 $\sin 18°$ 的精确到小数点后五位的有理近似值.

10. 求自然对数底 e 的精确到小数点后六位的有理近似值.

11. 证明定理 5.7.

参 考 文 献

［1］ 闵嗣鹤，严士健. 初等数论[M]. 3版. 北京：高等教育出版社，2001.
［2］ 柯召，孙琦. 数论讲义：上册[M]. 2版. 北京：高等教育出版社，2001.
［3］ 柯召，孙琦. 数论讲义：下册[M]. 2版. 北京：高等教育出版社，2003.
［4］ 潘承洞，潘承彪. 初等数论[M]. 3版. 北京：北京大学出版社，2013.
［5］ 冯克勤. 初等数论及应用[M]. 北京：北京师范大学出版社，2005.
［6］ 单墫. 初等数论[M]. 南京：南京大学出版社，2000.
［7］ 余红兵. 奥数教程：高三年级[M]. 2版. 上海：华东师范大学出版社，2000.
［8］ 冯志刚. 初等数论：数学奥林匹克命题人讲座[M]. 上海：上海科技教育出版社，2009.
［9］ 曹汝成. 组合数学[M]. 广州：华南理工大学出版社，2012.